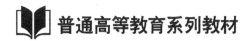
普通高等教育系列教材

U0269500

# 土工试验教程

TUGONG SHIYAN JIAOCHENG

谷端伟　原俊红　主　编
南雪兰　高玉英　副主编
高占云　主　审

人民交通出版社股份有限公司
北　京

# 内 容 提 要

本书根据高等学校土木工程、道路桥梁与渡河工程及其相关专业应用型本科层次的教学要求编写而成。主要包括土工试验的一般知识与岩土工程分类,矿物、岩石的认识与肉眼鉴定,土的物理性质、水理性质、力学性质、化学性质,有机质含量及岩石的工程性质试验。

本书主要作为应用型本科院校学生、高职高专院校学生学习公路工程地质、土质学与土力学、土工技术设计等课程的试验指导书,也可作为公路工程试验人员的参考书。

## 图书在版编目(CIP)数据

土工试验教程 / 谷端伟,原俊红主编. — 北京:
人民交通出版社,2014.3
 ISBN 978-7-114-11219-5

Ⅰ. ①土… Ⅱ. ①谷… ②原… Ⅲ. ①土工试验-高
等学校-教材 Ⅳ. ①TU41

中国版本图书馆 CIP 数据核字(2014)第 036395 号

| | |
|---|---|
| 书 名 | 土工试验教程 |
| 著 作 者 | 谷端伟 原俊红 |
| 责任编辑 | 王 霞 |
| 责任校对 | 孙国靖 |
| 责任印制 | 刘高彤 |
| 出版发行 | 人民交通出版社股份有限公司 |
| 地 址 | (100011)北京市朝阳区安定门外外馆斜街 3 号 |
| 网 址 | http://www.ccpcl.com.cn |
| 销售电话 | (010)59757973 |
| 总 经 销 | 人民交通出版社股份有限公司发行部 |
| 经 销 | 各地新华书店 |
| 印 刷 | 北京虎彩文化传播有限公司 |
| 开 本 | 787×1092 1/16 |
| 印 张 | 9 |
| 字 数 | 209 千 |
| 版 次 | 2014 年 3 月 第 1 版 |
| 印 次 | 2022 年 1 月 第 5 次印刷 |
| 书 号 | ISBN 978-7-114-11219-5 |
| 定 价 | 35.00 元 |

# 前　言

本教程主要以普通高等教育土木工程和高等职业技术教育公路与桥梁专业的教学大纲规定的试验项目为主,并参照中华人民共和国行业标准《公路土工试验规程》(JTG E40—2007)、《公路工程岩石试验规程》(JTG E41—2005)和相关教材及《公路土工试验教程》等编写而成。

本教程主要介绍土的物理性质、水理性质、颗粒大小、力学性质、化学性质,有机质含量等相关试验项目,也介绍了矿物和岩石的认识与鉴定方法,以及岩石的工程地质性质试验。在编写过程中,考虑到各院校和施工单位的具体情况,我们增列了一些非标准试验方法;为了便于广大读者学习和掌握各个试验项目,我们加大了试验目的与原理的编写力度;为方便计算、记录及绘图,我们列举了一些例子,这些例子不一定与实际完全相符,但它说明了记录表的填写方法、数据的精度要求和图件的绘制方法等。

本教程主要作为交通行业土木工程专业本科学生学习公路工程地质、土质学与土力学课程的试验指导,也可以作为高职高专学生学习工程地质、土质学和土力学与地基基础课程的试验用书,同时也可以供公路土工试验人员及其他行业土工试验人员参考。为便于学生对知识的学习和掌握,我们还编写了与之相配套的《土工试验报告》。

本教程由内蒙古大学谷端伟、南雪兰、原俊红、高玉英编写,高占云教授(呼和浩特职业学院)主审。具体编写分工如下:第一章、第二章、第三章的第一节、第二节由原俊红编写;第三章的第三节、第四节及第四章的第二节、第五章由南雪兰编写;第四章的第一节、第八章由高玉英编写;第六章、第七章及土工试验报告由谷端伟编写,全书由谷端伟统稿、定稿。同时桥梁系许多教师对书稿提出了宝贵意见,给予了大力的支持。

最后,编者对主审人高占云教授的精心审核表示衷心感谢,对内蒙古大学交通学院桥梁系所有教师在本书编写过程中给予的帮助和支持深表感谢。

由于编写时间仓促,编者水平有限,书中的错误和缺点在所难免,敬请读者不吝指教,以便再版修正。

编　者

2013 年 12 月

# 目　　录

# 第一章 土工试验的一般知识与岩土的工程分类

## 第一节 土木工程试验的一般知识

土工试验用来测定岩土体的物理、力学、化学和其他工程性质,为供岩土工程设计和施工控制提供依据。土工试验有两种方式,即室内试验和原位试验。前者是对采取的土样进行试验,后者是在现场自然条件下直接进行试验。

土工试验的任务在于了解岩土的各种工程性质,为土木工程的设计、施工提供符合实际情况的各种土的工程性质指标。为此,必须采制具有代表性的土样,按正确的试验方法,计算准确的数据,进行正确的资料分析和成果整理。

### 一、试样的采取

1. 采取原状土样或扰动土样应根据工程性质决定

凡属桥梁、涵洞、隧道、挡土墙、建筑物的天然地基以及挖方边坡、渠道等,应采取原状土样;凡属填土路基、堤坝、地基基础回填等,应采取扰动土样。对土料场不同土层,除采取扰动土样外,还应采取一定的原状土样(提供天然含水率和天然密度指标)。按料场土层厚度,扰动土样可分层采取或取混合样。不论何种工程,如果只要求进行土的分类,可只采取扰动土样。

2. 土样可在试坑、平洞、竖井、天然地面、基坑以及钻孔中采取

在采取土样时,应按现行规范规定的取样工具和方法进行。采取原状土样时,应使土样不受扰动,必须保持土样的原始结构及天然含水率。用钻机取土时,土样直径不得小于10cm,并使用专门的薄壁取土器;在试坑中或天然地面下挖取原状土样时,可用有上下盖的铁皮取土筒,打开下盖,扣在欲取的土层上,边挖筒周围土,边压土筒至筒内装满土样,然后挖断筒底土层(或左右摆动即断),取出土筒,翻转削平筒内土样。若周围有空隙可用原土填满,盖好下盖,密封取土筒。采取扰动土样时,应先清除表层土,然后用四分法取样。

3. 取土数量

应满足要求进行的试验项目和试验方法的需要,土样数量可参照表1-1采取。

4. 土样采取时必须进行原始记录和土样编号

无论从试坑还是从钻孔中取样,均应附有标签,记录工程名称和每一个试坑或钻孔的编号、高程、取样深度或位置、取样日期。如系原状土应注明取土方向和取样说明,记录土层的变化和厚度、地下水位高程、土样野外描述和定名、取土方法、扰动或原状、取土过程中的某些现象(如有无承压水出现)、气候、取样者和取土日期等。

标签宜用韧质纸,用墨水笔书写清楚,贴于原状土筒上。如袋装扰动土,可用木板作标签

放置袋内,并在袋外面标记土样编号。

**各试验取样数量表**                                表 1-1

| 试验项目 | 黏 土 | | 砂 土 | | 最大粒径 | 备 注 |
|---|---|---|---|---|---|---|
| | 原状土(筒)<br>$\phi$10cm×20cm | 扰动土(g) | 原状土(筒)<br>$\phi$10cm×20cm | 扰动土(g) | | |
| 含水率(%) | | 30~50 | | 30~50 | | |
| 密度(重度) | 1 | | 1 | | | |
| 比重(土粒密度) | | 50 | | 50 | | |
| 颗粒分析 | | 100~400 | | 200~4000 | | 砂土取土量视最大粒径而定 |
| 界限含水率 | | 500 | | 500 | <0.5 | |
| 相对密度 | | | 1 | 2000 | | |
| 击实承载比 | | 3000 | | 3000 | | 试筒体积 997cm³,土重复 |
| 渗透 | 1 | 2000 | | 4000~5000 | | |
| 固结 | 1 | 1000 | | | | |
| 直剪 | 1 | 2000 | | 3000 | | |
| 三轴试验 | 2 | 5000 | | 5000 | | |
| 化学性质 | | 1000 | | 1000 | | |

### 二、土样的保管和运输

不论是原状土还是保持天然含水率的扰动土,在采取之后,应立即封闭取土筒或盛土容器,未取满钻孔原状土样的取样筒,应以接近原状土湿度的扰动土填充后再行封装。土筒上所有缝隙,应以胶布封严,贴上标签,浇注融蜡。如无取土筒,也可将取出的原状土块用纱布包裹以后,贴上标签,浇注融蜡,以防水分散失。

应将装箱之前,封闭之后的原状土样存放于阴凉潮湿的地方,或挖浅坑埋起,盖上湿土。不需要保持天然含水率的扰动土,最好经过风干稍加粉碎后装入袋中。

土样运输时,原状土筒或封好的土块,均应装入木箱。装箱时土样与木箱之间的空隙应以稻草、木屑等软物充填,以免土样在运输过程中受到震动。箱体应编号并标明"小心轻放"、"切勿倒置"、"上"、"下"等字样。

### 三、土样的接受与管理

土样运送到试验单位,应主动递送"试验委托书",委托书各栏根据"取样记录"的存根填写清楚,若还有其他试验要求,可在委托书上注明(如:剪切试验是三轴还是直接剪切,排水是哪种方式等)。试验委托书应包括试验室名称、委托日期、土样编号、试验室编号、土样编号(野外鉴别)、取样地点和里程桩号、孔号、取样深度、试验目的、试验项目以及责任人等。

　　试验单位接到土样后,根据试验委托书进行验收。验收时必须核对土样数量、编号是否相符,所送土样能否满足试验项目和试验方法的要求。验收后立即进行试验室登记、编号。登记内容包括:工程名称、委托单位、送样日期、室内编号、野外编号、取土地点和取土深度、试验项目和要求及提交试验报告的日期等。

　　土样送交试验单位验收、登记后,试验单位即将原状土样和扰动土样按顺序分别存放。土样经过试验之后,如有余土,应储存于适当容器内,并标记工程名称及室内土样编号,妥为保管,以备审核试验报告之用。一般保管至试验报告发出,委托单位收到报告后一个月。如无人查询,即可将土样处理;如有疑问,可以用余土复试。

### 四、土样的制备

　　1. 土样制备程序

　　土样在试验前必须经过制备程序,包括土的风干、碾散、过筛、匀土、分样和储存等程序。土样制备程序视需要的试验而异,故土样制备前应拟定好土工试验计划。

　　2. 扰动土样的制备

　　应先进行土样描述,如颜色、土类、气味及夹杂物等;如需要,将扰动土样充分拌匀,取代表性土样进行含水率测定。

　　将块状扰动土放在橡皮板上用木碾或利用碎土机碾散(切勿压碎颗粒);对配制含水率试验的土样,如含水率较大时,可先风干至易碾散为止。

　　根据试验所需土样数量,将碾散后的土样过筛。力学性质试验土样,过 2mm 筛,过筛后用四分法对角取样,取足够数量的代表性土样,装入玻璃缸内,标以标签,以备试验之用。

　　为配制一定含水率的土样,取过 2mm 筛的足够试验用的风干土 1~5kg,按式(1-1)计算所需的加水量。

$$W_w = \frac{W}{1 + 0.01w_0}(w - w_0) \tag{1-1}$$

式中:$W_w$——土样所需加水质量,g;

　　　$W$——风干含水时的土样质量,g;

　　　$w_0$——风干含水率,%;

　　　$w$——土样所需要的含水率,%。

　　将风干土平铺在不吸水的盘内,用喷雾设备喷洒预计的加水量,静置一段时间,再装入玻璃缸内盖紧,湿润一昼夜备用(砂性土时间可酌情减少)。

　　测定土样不同位置的含水率(至少两个以上),要求差值不大于±1%。

　　对不同土层的土样制备混合土样时,应根据各层土的厚度,按比例计算相应的质量配合比,然后按上述内容进行制备工作。

　　3. 制备扰动土样时的精度和数量要求

　　称重准确至 0.1g。

　　试样制备的数量视试验项目而定,一般应多 1~2 个备用,平行试验或一组内的试样重度、含水率与制备标准之差值应控制在±0.02g/cm³与±1‰范围内,且各试样间的差值分别要求在 0.02 g/cm³ 和 1‰以内。

4.用击实法制备扰动土试样

根据试样所要求的干密度、含水率,计算出湿土质量及加水质量,制备湿土样。用击实试验中标准击实方法,将土样击实到所需的重度,用推土器推出。

将试验用的切土环刀内壁涂一薄层凡士林,刀口向下,放在土样上。用切土刀将土样削成略大于环刀直径的土柱。然后将环刀垂育向下压,边压边削,至土样伸出环刀为止。削去两端余土并修平,擦净环刀外壁,称环土总质量。

(1)用击样法制备扰动土试样。

根据环刀的容积及所要求的干密度,计算湿土质量及加水质量,制备湿土样。

将湿土倒入预先装好的环刀内,并固定在底板上的击实器内,用击实方法将土击入环刀内。取出环刀,称环土总质量。

(2)用压样法制备扰动土试样。

按原状土试样制备要求称出所需的湿土质量。将湿土倒入预先装好环刀的压样容器内,拂平土样表面,以静压力将土样压入环刀内。取出环刀,称环土总质量。

5.原状土试样制备

按土样上下层次小心开启原状土包装,将土样取出放正,整平两端。在环刀内壁涂一层凡士林,刀口向下,放在土样上,无特殊要求,切土方向与天然土层层面垂直。按上一步要求的操作方法切取土样,土样与环刀要密合,否则应重取。

在切削过程中,应仔细观察并记录试样的层次、气味、颜色,有无杂质,土质是否均匀,有无裂缝等。

如连续切取数个试样,应注意使含水率不发生变化。

视试样本身及工程要求,决定试样是否进行饱和,如不立即进行试验或饱和时,则将试样暂存于保湿器内。

切取试件后,剩余的原状土样用蜡纸包好置于保湿器内,以备补做试验之用。切削的余土做物理性质试验。平行试验或同一组试件密度差值不大于±0.1g/cm³,含水率差值不大于 2‰。

冻土制备原状土样时,应保持原土样温度,保持土样的结构和含水率不变。

## 五、土样的饱和

土的孔隙逐渐被水充填的过程称为饱和。孔隙被水充满时的土,称为饱和土。一般应根据土的性质,确定饱和方法。

砂类土:可直接在仪器内饱和。

较易透水的黏性土:即渗透系数大于 $10^{-4}$ cm/s 时,采用毛细管饱和法较为方便,或采用浸水饱和法。

不易透水的黏性土:即渗透系数小于 $10^{-4}$ cm/s 时,采用真空饱和法。如土的结构性较弱,抽气可能发生扰动,不宜采用。

# 第二节　岩土的工程分类

　　岩土体是自然地质历史的产物,它的成分、结构和性质是千变万化的,其工程性质也是千差万别的。为了能大致地判断岩土体的基本性质,合理地选择研究内容及方法以及在科学技术交流中有共同的语言,有必要对岩土体进行科学的分类。本书以《公路桥涵地基与基础设计规范》(JTG D63—2007)为例来介绍岩石的工程分类。

## 一、岩石的工程分类与分级

　　岩石的分类是根据岩石的共同点与差异点而分为同类与异类。岩石的差异性是绝对的,但同一性是相对的。因此分类是在绝对的差异中求相对的同一;而在相对的同一中仍包含着内在的差异,这就产生分级的问题。从总体上说,岩石分类是根据岩石某一特性来加以划分的;而分级则是对同一性的岩石进行定量的划分。两者之间是有联系的,分级是在分类的基础上进行的。

　　1. 岩石的分类

　　(1)岩石按坚硬程度划分见表1-2。

岩石按坚硬程度划分　　　　　　　　　　表1-2

| 坚硬程度 | 坚硬岩 | 极硬岩 | 极软岩 | 软　岩 | 极软岩 |
|---|---|---|---|---|---|
| 饱和单轴抗压强度标准值 $f_{rk}$(MPa) | $f_{rk}>60$ | $60\geqslant f_{rk}>30$ | $30\geqslant f_{rk}>15$ | $15\geqslant f_{rk}>5$ | $f_{rk}\leqslant5$ |

　　(2)岩体按完整程度划分见表1-3。

岩体按完整程度划分　　　　　　　　　　表1-3

| 完整程度等级 | 完　整 | 较完整 | 较破碎 | 破　碎 | 极破碎 |
|---|---|---|---|---|---|
| 完整性指数 | $>0.75$ | $0.75\sim0.55$ | $0.55\sim0.35$ | $0.35\sim0.15$ | $<0.15$ |

　　(3)岩体按节理发育程度划分见表1-4。

岩体按节理发育程度划分　　　　　　　　表1-4

| 程度 | 节理不发育 | 节理发育 | 节理很发育 |
|---|---|---|---|
| 节理间距(mm) | $>400$ | $200\sim400$ | $20\sim200$ |

　　(4)岩石按软化系数分类见表1-5。

岩石按软化系数分类　　　　　　　　　　表1-5

| 岩石名称 | 软化系数 $K_R$ | 岩石名称 | 软化系数 $K_R$ |
|---|---|---|---|
| 不软化的岩石 | $K_R>0.75$ | 软化岩石 | $K_R\leqslant0.75$ |

　　2. 岩石的分级

　　(1)岩石坚硬程度定性分级见表1-6。

**岩石按坚硬程度定性分级**                                                    表 1-6

| 名　称 | | 鉴　定 | 代表性岩石 |
|---|---|---|---|
| 硬质岩 | 坚硬岩 | 锤击声清脆,有回弹,震手,难击碎,浸水后大多无吸水反应 | 未风化～微风化的花岗岩、闪长岩、辉绿岩、玄武岩、安山岩、片麻岩、石英岩、石英砂岩、硅质砾岩、硅质石灰岩等 |
| | 较坚硬岩 | 锤击声清脆,有轻微回弹,稍震手,较难击碎,浸水后有轻微吸水反应 | ①微风化的坚硬岩;<br>②未风化～微风化的大理岩、板岩、石灰岩、白云岩、钙质砂岩等 |
| 软质岩 | 较软岩 | 锤击声不清脆,无回弹,较易击碎,浸水后指甲可刻出印痕 | ①中等风化～强风化的坚硬岩或较硬岩;<br>②未风化～微风化的凝灰岩、千枚岩、泥灰岩、砂质泥岩等 |
| | 软岩 | 锤击声哑,无回弹,有凹痕,易击碎,浸水后手可掰开 | ①强风化的坚硬岩或较硬岩;<br>②中等风化～强风化的较软岩;<br>③未风化～微风化的页岩、泥岩、泥质砂岩等 |
| 极软岩 | | 锤击声哑,无回弹,有较深凹痕,手可捏碎,浸水后可捏成团 | ①全风化的各种岩石;<br>②各种半成岩 |

(2)岩石按风化程度的分级见表 1-7。

**岩石按风化程度的分级**                                                    表 1-7

| 风化程度 | 野　外　特　征 | 风化程度参数指标 | |
|---|---|---|---|
| | | 波速比 $K_v$ | 风化系数 $K_f$ |
| 未风化 | 岩质新鲜,偶见风化痕迹 | 0.9～1.0 | 0.9～1.0 |
| 微风化 | 结构基本未变,仅节理面有渲染或略有变色,有少量风化裂隙 | 0.8～0.9 | 0.8～0.9 |
| 中风化 | 结构部分破坏,沿节理面有次生矿物,风化裂隙发育,岩体被切割成岩块。岩心钻方可钻进 | 0.6～0.8 | 0.4～0.8 |
| 强风化 | 结构大部分破坏,矿物成分显著变化,风化裂隙很发育,岩体破碎,用镐可挖,干钻不易钻进 | 0.4～0.6 | <0.4 |
| 全风化 | 结构基本破坏,但尚可辨认,有残余结构强度,可用镐挖,干钻可钻进 | 0.2～0.4 | — |
| 残积土 | 组织结构全部破坏,已风化成土状,锹镐易挖掘,干钻易钻进,具有塑性 | <0.2 | — |

注:1.波速比 $K_v$ 为风化岩石与新鲜岩石压缩波速度之比。

2.风化系数 $K_f$ 为岩石与新鲜岩石饱和单轴抗压强度之比。

3.花岗岩类岩石,可采用标准贯入试验划分,$N \geq 50$ 为强风化,$50 > N \geq 30$ 为全风化,$N < 30$ 为残积土。

4.泥岩和半成岩,可不进行风化程度划分。

(3)岩体按完整程度定性分级见表 1-8。

岩体按完整程度定性分级　　　　　　表 1-8

| 名称 | 结构面发育程度 | | 主要结构面的结合程度 | 主要结构面的类型 | 相应结构类型 |
|---|---|---|---|---|---|
| | 结构面组数 | 平均间距（m） | | | |
| 完整 | 1～2 | >1.0 | 结合好或结合一般 | 裂隙、层面 | 整体状或巨厚状结构 |
| 较完整 | 1～2 | >1.0 | 结合差 | 裂隙、层面 | 块状或厚层结构 |
| | 2～3 | 1.0～0.4 | 结合好或结合一般 | — | 块状结构 |
| 较破碎 | 2～3 | 1.0～0.4 | 结合差 | 节理、裂隙、层面、小断层 | 裂隙块状或中厚层结构 |
| | ≥3 | 0.4～0.2 | 结合好 | | 镶嵌碎裂结构 |
| | | | 结合一般 | | 中、薄层状结构 |
| 破碎 | ≥3 | 0.4～0.2 | 结合差 | 各种类型结构面 | 裂隙块状结构 |
| | | ≤0.2 | 结合一般或结合差 | | 碎裂状结构 |
| 极破碎 | 无序 | — | 结合很差 | — | 散体状结构 |

注：平均间距指主要结构面（1～2 组）间距的平均值。

### 二、土的工程分类

土的工程分类是土质土力学中一个重要的基础理论课题。对种类繁多、性质各异的土按一定的原则进行分类，目的是选择有效的研究方法和手段，针对不同工程结构物的要求，对不同的土做出正确的评价，以便合理利用和改造各种土。

#### （一）土的工程分类的基本类型

土的工程分类可以概括为两种基本类型。

（1）一般性分类：包括工程建筑中常遇到的各类土，它是根据土的主要工程地质特性进行分类的。这是一种全面的综合性分类，也称通用分类。

（2）专门性分类：根据某些工程部门的具体需要进行的分类。它密切结合工程建筑类型，直接为工程勘察、设计与施工服务。专门性分类是一般性分类在实际应用中的补充与发展。

#### （二）土的工程分类的一般原则和形式

土是自然历史的产物，土的特性与土的成因有密切关系，故常将成因和形成年代作为最基本的第一级分类标准，即所谓地质成因分类。土的物质成分（粒度成分和矿物成分）及其与水相互作用的特点，是决定土的工程地质性质的最本质因素，故将反映土的物质成分和与水相互作用的有关特征作为第二级分类标准，即所谓土质分类。根据土质分类可初步了解土的最基本特性及其对工程建筑的适用性与可能出现的问题。但由于土的结构及其所处的状态不同，土的指标变化很大。为提供工程设计、施工所需要的资料，必须进一步进行第三级土的分类，即土的工程分类。这种分类主要考虑与水作用所处的状态、土的密实程度与压缩性特点等将土进行详细划分，以满足工程的要求。

#### （三）我国土的工程分类

我国已建立了较为完整的土的工程分类体系，并于 2007 年颁布了中华人民共和国国家标准《土的工程分类标准》（GB/T 50145—2007），这是我国工程建设所涉及土类的通用分类标准。该分类标准是根据多个国家广泛应用的分类法的基本原理,结合我国实际情况制定的。此外,各行业的工程部门根据各自的专门需要编制了专门分类标准。本书主要介绍《公路土工试验规程》(JTG E40—2007)中土的工程分类。

土的工程分类(简称"分类")适用于公路工程用土的鉴别、定名和描述,以土的下列特征作为分类依据:土颗粒组成特征;土的塑性指标,其包括液限($w_L$)、塑限($w_P$)和塑性指数($I_P$)。

1. 粒组的划分(表1-9)

《公路土工试验规程》(JTG E40—2007)划分粒组的方法　　　　表1-9

200　　60　　20　　5　　2　　0.5　　0.25　　0.075　　0.002(mm)

| 巨粒组 | | 粗粒组 | | | | | | 细粒组 | |
|---|---|---|---|---|---|---|---|---|---|
| 漂石 块石 | 卵石 (小块石) | 砾(角砾)砂 | | | 砂 | | | 粉粒 | 黏粒 |
| | | 粗 | 中 | 细 | 粗 | 中 | 细 | | |

2. 工程用土分类体系(图1-1)

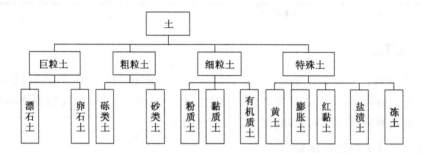

图1-1　《公路土工试验规程》(JTG E40—2007)的工程用土分类体系

3. 土的名称和代号(表1-10)

《公路土工试验规程》(JTG E40—2007)中土的名称和代号　　　　表1-10

| 名称 | 代号 | 名称 | 代号 | 名称 | 代号 |
|---|---|---|---|---|---|
| 漂石 | B | 级配良好砂 | SW | 含砾低液限黏土 | CLG |
| 块石 | Ba | 级配不良砂 | SP | 含砂高液限黏土 | CHS |
| 卵石 | Cb | 粉土质砂 | SM | 含砂低液限黏土 | CLS |
| 小块石 | Cba | 黏土质砂 | SC | 有机质高液限黏土 | CHO |
| 漂石夹土 | BSl | 高液限粉土 | MH | 有机质低液限黏土 | CLO |
| 卵石夹土 | CbSl | 低液限粉土 | ML | 有机质高液限粉土 | MHO |
| 漂石质土 | SlB | 含砾高液限粉土 | MHG | 有机质低液限粉土 | MLO |
| 卵石质土 | SlCb | 含砾低液限粉土 | MLG | 黄土(低液限黏土) | CLY |
| 级配良好砾 | GW | 含砂高液限粉土 | MHS | 膨胀土(高液限黏土) | CHE |
| 级配不良砾 | GP | 含砂低液限粉土 | MLS | 红土(高液限粉土) | MHR |
| 细粒质砾 | GF | 高液限黏土 | CH | 红黏土 | R |
| 粉土质砾 | GM | 低液限黏土 | CL | 盐渍土 | St |
| 黏土质砾 | GC | 含砾高液限黏土 | CHG | 冻土 | Ft |

**4.各类土的详细定名分类**

(1)巨粒土应按图1-2分类定名。

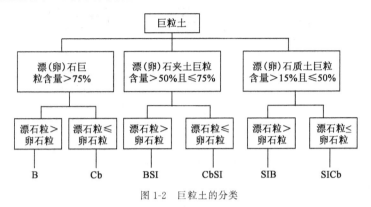

图1-2　巨粒土的分类

注:1.巨粒土分类体系中的漂石换成块石,B换成Ba,即构成相应的块石分类体系。

　　2.巨粒土分类体系中卵石换成小块石,Cb换成Cba,即构成相应的小块石分类体系。

(2)试样中巨粒组土粒质量少于或等于总质量的15%,且巨粒组与粗粒组土粒质量之和多于总土质量的50%的土称为粗粒土。

粗粒土中砾粒组质量多于砂粒组质量的土称砾类土。砾类土应根据其中细粒含量和类别以及粗粒组的级配进行分类。分类体系见图1-3。

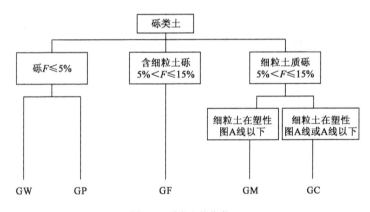

图1-3　砾类土的分类

注:砾类土分类体系中的砾石换成角砾,G换成Ga,即构成相应的角砾土分类体系。

砾类土中细粒组质量少于或等于总质量的5%的土称砾,按下列级配指标定名:当$C_u \geqslant 5$,且$C_c = 1 \sim 3$时,称为级配良好砾,记为GW,反之,记为GP。

(3)砂类土的分类见图1-4。

(4)试样中细粒组土粒质量多于或等于总质量的50%的土称为细粒土。分类体系见图1-5。

**(四)土的鉴别及分类**

**1.试验室鉴别**

(1)目标法鉴别。将研散的风干试样摊成一薄层,估计土中巨、粗、细粒组所占的比例,确定土的分类。

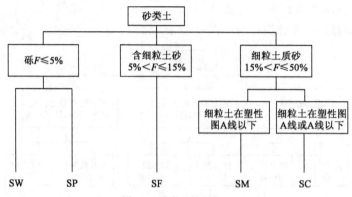

图 1-4 砂类土的分类

注:需要时,砂可进一步分为粗砂、中砂和细砂。

粗砂——粒径大于 0.5mm 颗粒多于总质量的 50%;

中砂——粒径大于 0.25mm 颗粒多于总质量的 50%;

细砂——粒径大于 0.075mm 颗粒多于总质量的 75%。

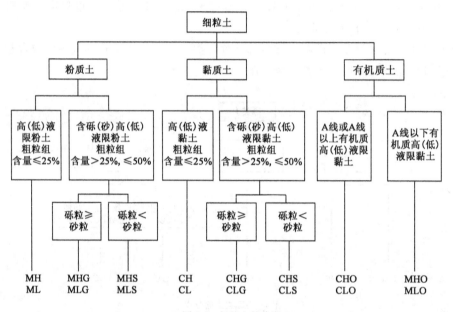

图 1-5 细粒土的分类

注:1.试样中有机质含量多于或等于总质量的 5%,且少于总质量的 10% 的土称为有机质土。试样中有机质含量多于或等于 10% 的土为有机土。

2.细粒土应按塑性图分类,见图 1-6,采用如下液限分区,低液限 $w_L < 50\%$,高液限 $w_L \geqslant 50\%$。

(2)干强度试验。将一小块土捏成土团,风干后用手指捏碎、掰断及捻碎,并应根据用力的大小进行下列区分:很难或用力才能捏碎或掰断者为干强度高;稍用力即可捏碎或掰断者为干强度中等;易于捏碎或捻成粉末者为干强度低(当土中含碳酸盐、氧化铁等成分时会使土的干强度增大,其干强度宜再将湿土做手捻试验,予以校核)。

(3)手捻试验。将稍湿或硬塑的小土块在手中捻捏,然后用拇指和食指将土块捏成片状,并应根据手感和土片光滑度进行下列区分:手滑腻,无砂,捻面光滑者为塑性高;稍有滑腻,有砂粒,捻面稍有光滑者为塑性中等;稍有黏性,砂感强,捻面粗糙为塑性低。

(4)搓条试验。将含水率略大于塑限的湿土块在手中揉捏均匀,再在手掌上搓成土条,并应根据土条不断裂而达到的最小直径进行下列区分:能搓成直径小于 1mm 土条为塑性高;能搓成直径为 1~3mm 土条为塑性中等;能搓成直径大于 3mm 土条为塑性低。

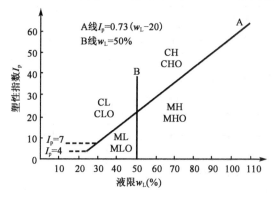

图 1-6　塑性图

(5)韧性试验。将含水率略大于塑限的土块在手中揉捏均匀,再在手掌中搓成直径为 3mm 的土条,并应根据再揉成土团和搓条的可能性进行下列区分:能搓成土团,再搓成条,揉而不碎者为韧性高;可再揉成团,捏而不易碎者为韧性中等;勉强或不能再揉成团,稍捏或不捏即碎者为韧性低。

(6)摇震反应试验。将软塑或流动的小土块捏成土球,放在手掌上反复摇晃,并以另一手掌击此手掌。土中自由水将渗出,球面呈现光泽;用两个手指捏土球,放松后水又被吸入,光泽消失。并应根据渗水和吸水反应快慢,进行下列区分:立即渗水及吸水者为反应快;渗水及吸水中等者为反应中等;渗水、吸水慢者为反应慢;不渗水、不吸水者为无反应。

(7)巨粒类土和粗粒类土可根据目测结果分类定名。

(8)细粒类土可据干强度、手捻、搓条、韧性和摇震反应等试验结果按表 1-11 分类定名。

(9)土中有机质系未完全分解动、植物残骸和无定形物质,可采用目测、手摸或嗅觉判别,有机质一般呈灰色或暗色,有特殊气味,有弹性和海绵感。

**细粒土的简易分类**　　　　　　　　　　　　　　　　　　　表 1-11

| 干强度 | 手捻试验 | 搓条试验 | | 摇震反应 | 土类代号 |
| --- | --- | --- | --- | --- | --- |
| | | 可搓成土条的最小直径(mm) | 韧性 | | |
| 低~中 | 粉粒为主,有砂感,稍有黏性,捻面较粗糙,无光泽 | 3~2 | 低~中 | 快~中 | ML |
| 中~高 | 含砂粒,有黏性,稍有滑腻感,捻面较为光滑,稍有光泽 | 2~1 | 中 | 慢~无 | CL |
| 中~高 | 粉粒较多,有黏性,稍有滑腻感,捻面较光滑,稍有光泽 | 2~1 | 中~高 | 慢~无 | MH |
| 高~很高 | 无砂感,黏性大,滑腻感强,捻面光滑,有光泽 | <1 | 高 | 无 | CH |

注:表中所列各类土凡成灰色或暗色且有特殊气味的,应在相应土类代号后加代号 O,如 MLO、CLO、MHO、CHO。

### 2. 土的野外鉴别

(1)新近堆积土野外鉴别见表1-12。

**新近堆积土野外鉴别**　　　　　　表1-12

| 堆积环境 | 颜　色 | 结　构　性 |
|---|---|---|
| 河漫滩,山前洪冲积扇(锥)的表层,古河道,已填塞的湖、塘、沟、谷和河道泛滥区 | 较深而暗,呈褐、暗黄或灰色,含有机质较多时带灰黑色 | 结构性差,用手扰动时极易变软,塑性较低的土还有震动水析现象 |

(2)砂土的野外鉴别见表1-13。

**砂土的野外鉴别**　　　　　　表1-13

| 鉴别特征 | 砾　砂 | 粗　砂 | 中　砂 | 细　砂 | 粉　砂 |
|---|---|---|---|---|---|
| 观察颗粒的粗细 | 约有1/4以上颗粒比荞麦或高粱粒(2mm)大 | 约有一半以上颗粒比小米粒(0.5mm)大 | 约有一半以上颗粒与砂糖或白菜籽(>0.25mm)近似 | 大部分颗粒与粗玉米粉(>0.1mm)近似 | 大部分颗粒与小米粉(<0.1mm)近似 |
| 干燥时状态 | 颗粒完全分散 | 颗粒完全分散,个别胶结 | 颗粒基本分散,部分胶结,胶结部分一触即散 | 颗粒大部分分散,少量胶结,胶结部分稍加碰撞即散 | 颗粒少部分分散,大部分胶结(稍加压即能分散) |
| 湿润时用手拍后的状态 | 表面无变化 | 表面无变化 | 表面偶有水印 | 表面有水印 | 表面有显著翻浆现象 |
| 黏着程度 | 无黏着感 | 无黏着感 | 无黏着感 | 偶有轻微黏着感 | 有轻微黏着感 |

(3)按塑性指数的分类及野外鉴别见表1-14。

**塑性指数的分类**　　　　　　表1-14

| 鉴别方法 | 分　类 | | |
|---|---|---|---|
| | 黏土 | 粉质黏土 | 粉土 |
| | 塑　性　指　数 | | |
| | $I_p>17$ | $10<I_p\leqslant17$ | $I_p\leqslant10$ |
| 湿润时用刀切 | 切面非常光滑,刀刃有黏腻 | 稍有光滑面,切面规则 | 无光滑面,切面比较粗糙 |
| 用手捻摸时的感觉 | 湿土用手捻摸有滑腻感,当水分较大时极易黏手,感觉不到有颗粒的存在 | 仔细捻摸感觉到有少量细颗粒,稍有滑腻感,有黏滞感 | 感觉有细颗粒存在或感觉粗糙,有轻微黏滞感或无黏滞感 |
| 黏着程度 | 湿土极易黏着物体(包括金属与玻璃),干燥后不易剥去,用水反复洗才能去掉 | 能黏着物体,干燥后较易剥掉 | 一般不黏着物体,干燥后一碰就掉 |
| 搓土条情况 | 能搓成小于0.5mm的土条(长度不短于手掌),手持一端不致断裂 | 能搓成0.5~2mm的土条 | 能搓成2~3mm的土条 |
| 干土的性质 | 坚硬,类似陶器碎片用锤击方可打碎,不易击成粉末 | 用锤击易碎,用手难捏碎 | 用手很易捏碎 |

（4）碎石土的野外鉴别见表1-15。

**碎石土的野外鉴别**                                                           表1-15

| 密实程度 | 骨架颗粒含量和排列 | 可 挖 性 | 可 黏 性 |
|---|---|---|---|
| 密实 | 骨架颗粒含量大于全重的70%，呈交错排列，连续接触 | 锹镐挖掘困难，用撬棍方能松动，井壁一般较稳定 | 钻进极困难，冲击钻探时钻杆、吊锤跳动剧烈，孔壁较稳定 |
| 中密 | 骨架颗粒含量等于全重的50%～70%，呈交错排列，大部分接触 | 锹镐挖掘困难，井壁有掉块现象，从井壁取出大颗粒处，能保持颗粒凹凸面形状 | 钻进较困难，冲击钻探时，钻杆、吊锤跳动不剧烈，孔壁有坍塌现象 |
| 稍密 | 骨架颗粒含量小于全重的60%，排列混乱，大部分不接触 | 镐可以挖掘，井壁易坍塌，从井壁取出大颗粒后，砂性土立即塌落 | 钻进较容易，冲击钻探时，钻杆稍有跳动，孔壁易坍塌 |

（5）黏性土稠度的野外鉴别见表1-16。

**黏性土稠度的野外鉴别**                                                      表1-16

| 土 的 稠 度 | 鉴 别 特 征 |
|---|---|
| 坚硬 | 手钻很费力，难以钻进，钻头取出土样用手捏不动，加力土不变形，只能破碎 |
| 硬塑 | 钻较费力，钻头取出土样用手捏时，要用较大的力才略有变形，并即散碎 |
| 可塑 | 钻头取出的土样，手指用力不大就能按入土中，土可捏成各种形状 |
| 软塑 | 钻头取出土样还能成形，手指按入土中毫不费力，可把土捏成各种形状 |
| 流塑 | 钻进很容易，钻头不易取出土样，取出的已不能成形，放在手中不易成块 |

**（五）仪器的使用及检校**

仪器是每项试验都不可缺少的重要组成部分，要想得到准确的试验结果，必须正确地使用仪器。因此，在使用前进行认真地检校，以保证试验的顺利进行和数据、成果的准确。尤其是一些通用性、经常性使用的仪器，如天平、铝盒、环刀、量筒、卡尺等。下面主要对天平的使用、检校做简单介绍。

天平是一种灵敏度和精密度高、称量准确、土工试验中必不可少的试验工具，天平的种类很多，有架盘天平、分析天平、光电天平等。正确地使用可以保证其准确性，认真地检校可以延长其使用寿命（以分析天平的使用和检校为例）。

1. 天平的校核

在使用天平前必须首先检查它是否安放水平，升降机构是否灵活。然后，升起未载重天平，观察指针左右摆动的情况，若在零点左右摆动幅度相等，并逐渐趋于零的位置，则天平正常，可以使用；若指针左右摆动幅度不等，则应按指针的偏倚方向，细心反复地调节横梁两边的平衡螺丝，直至使指针逐渐趋于零的平衡位置为止。

2. 称量物品

使用时扭动升降旋钮，先将横梁放下，把所要称的物体轻轻放在天平的左边，用镊子将适量的法砝放在右边；之后微将天平升起，观察横梁倾斜情况，降下，再用镊子调整右边的砝码。

经过几次反复升降和调整砝码，直到指针平衡。然后，将砝码数值加起来即为所称物品的质量。

天平使用完毕,将横梁放下,小玻璃门关好。并放置在干燥通风、湿度适宜的房间,同时将一些干燥剂放在天平内,以防机件长期受潮生锈。

3.注意事项

天平在使用过程中,严防震动,升降时要缓慢,拿放物体和砝码时,一定要降下横梁,并轻拿轻放,以免造成误差和机件的损坏。

每台天平都有其称量和感量。称量即天平的最大称量限度。感量即天平的灵敏度、精确度。感量越小,其灵敏度和精确度越高。不同的试验,一定要根据试验规程的要求选择不同称量和感量的天平,禁止以小称大,否则会造成天平横梁的扭歪、弯曲、变形及机件的破损等,影响其精度和使用寿命。

(六)试验精度

每项试验对其数据的精度、误差都有其相应的要求,一般土工试验数据的有效位数和允许误差如表 1-17 所示。

试 验 精 度 表                                                      表 1-17

| 项　　目 | 单　　位 | 有 效 位 数 | 允 许 误 差 |
|---|---|---|---|
| 密　　度 | g/cm³ | 0.01 | 0.03 |
| 含水率 | % | 0.1 | 2(最大) |
| 土粒密度 | g/cm³ | 0.01 | 0.02 |
| 液限、塑限 | % | 0.1 | 2 |
| 颗粒分析 | % | 0.1 | |
| 均匀系数 | | 0.1 | |
| 渗透系数 | cm/s | $0.1 \times 10^{-n}$ | |
| 压缩系数 | 1/kPa | 0.001 | |
| 黏聚力 | kPa | 0.01 | |
| 内摩擦角 | ° | 0.5 | |
| 相对密度 | g/cm³ | 0.01 | 0.03 |
| 毛细管水上升高度 | cm | 0.1 | |
| 有机质含量 | | 0.01 | 0.3(最大) |

在实际的试验中,操作规程里均有相应的精度要求,试验时应以规范要求为准。

(七)成果分析与整理

一项试验结束后,会有几个或几组数据,还可能再用它计算其他指标。因此,试验数据或成果的准确与否,必须通过对这些数据与成果的分析、判断、整理才能获得。土工试验资料的分析整理,主要包括求取最佳值、确定计算指标这两项主要内容。

成果分析和整理的目的,是要得出最符合实际情况的成果,因此,要理论联系实际,以现场和工程的具体条件为依据,试验成果为基础,区别不同的条件和针对不同的要求,采取不同的成果分析方法。如数理统计法、舍弃法、误差分配法等。由于本书所涉及的问题比较简单,所以具体分析方法在此不再详述,在工作中遇到时,建议参考有关的规范和书籍。

### 三、土工试验中常用的名词、符号及单位

本书中常用的名词、符号及单位见表1-18。

常用名词、符号、单位一览表　　　　　　表1-18

| 名　词 | 符　号 | 单　位 | 名　词 | 符　号 | 单　位 |
|---|---|---|---|---|---|
| 时　间 | $T$ | d,min,s | 最大干密度 | $\rho_{dmax}$ | g/cm³,kg/m³ |
| 温　度 | $t$ | ℃ | 最佳含水率 | $w_0$ | % |
| 含水率 | $w$ | % | 液　限 | $w_L$ | % |
| 质　量 | $m$ | g,kg | 塑　限 | $w_P$ | % |
| 干土质量 | $m_s$ | g,kg | 液性指数 | $I_L$ | |
| 土的湿密度 | $\rho$ | g/cm³,kg/m³ | 塑性指数 | $I_P$ | |
| 土的干密度 | $\rho_d$ | g/cm³,kg/m³ | 毛细管上升高度 | $h$ | cm |
| 水的密度 | $\rho_W$ | g/cm³,kg/m³ | 渗透系数 | $K$ | cm/s |
| 土粒密度 | $G_s,G$ | g/cm³,kg/m³ | 渗透速度 | $v$ | cm/s |
| 孔隙比 | $e$ | | 渗透流量 | $Q$ | cm³ |
| 孔隙率 | $n$ | % | 单位渗透流量 | $q$ | cm³/s |
| 土的粒径 | $d$ | mm | 体　积 | $V$ | cm³,m³ |
| 有效粒径 | $D_{10}$ | mm | 压缩系数 | $a$ | 1/kPa |
| 限定粒径 | $D_{60}$ | mm | 内摩擦角 | $\Phi$ | ° |
| 不均匀系数 | $C_u$ | | 黏聚力 | $C$ | kPa |
| 曲率系数 | $C_z$ | | | | |

### 复习思考题

1.土样的运输、保管应注意哪些事项？

2.试样的制备一般包括哪些程序？

3.工程中岩石如何分类？

4.《公路土工试验规程》(JTG E40—2007)中土是如何分类的？

# 第二章　主要造岩矿物和岩石的认识与鉴定

## 第一节　主要造岩矿物的认识与鉴定

### 一、定义

矿物是地壳中化学元素在各种地质作用下形成的,并具有一定的化学和物理性质的自然均匀体。它是组成岩石的基本单位。

目前,世界上发现的矿物约达3000多种。但常见的构成岩石主要成分的矿物种类并不很多,人们常称之为"造岩矿物"。

关于矿物的概念我们可以从以下五个方面加以理解:

(1)矿物是天然产出的,是各种地质作用的产物。

(2)矿物具有一定的化学成分。

(3)绝大多数矿物具有一定的内部结构,凡结晶完全的矿物,其内部的质点均按一定规律排列。

(4)矿物应具有一定的外部形态及物理化学性质。

(5)矿物只有在一定的客观条件下才是稳定的,当外界条件改变至一定程度时,其成分、结构就要随之变化,同时生成适应新环境的矿物。

认识矿物的方法是很多的,如肉眼鉴定法、显微镜鉴定法、光谱分析法等,但基本和简便的方法还是肉眼鉴定法,这也是野外最常用的方法之一,是进一步鉴定矿物的其他方法的基础。

### 二、目的和要求

(1)学会观察和认识常见矿物的主要物理性质,初步掌握用肉眼鉴定矿物的方法,并要求认识几种常见的矿物,掌握它们的主要鉴别特征。

(2)进一步理解和巩固课堂上讲授的基本理论,并逐步培养分析问题和独立解决问题的能力,同时也进行一些基本技能的训练。

(3)为了提高实习效果,达到预期的目的,特提出如下要求:

①实习前必须复习好课堂上讲授的有关内容,并预习每次实习课上的内容,做到心中有数,目的性明确,并准备好所需要的实习工具和用品。

②坚持实践第一的观点,多观察、多动手,不要走马观花。

③要爱护标本、仪器和其他实习用具,观察时标本和标本盒子一起拿,实习完成后,按原状整理好,不要乱换、带走。

## 三、仪器设备

肉眼鉴定法主要是靠我们的双眼来鉴别矿物,但有时也要借助于地质锤、条痕板、磁铁、硬度计、小刀、瓷板、放大镜、铁钉、玻璃片、10％盐酸、浓盐酸等来鉴别矿物。

## 四、内容和步骤

### (一)观察矿物的形态

矿物的形态既是矿物的外观特征,又是矿物化学成分的第一观感。固体矿物有的是结晶质,有的是非结晶质的,但其外表都有一定的形状。结晶完好的矿物,常形成具有平面、棱、面的规则的几何多面体外形,这种自然生成的几何多面体的平面叫做晶面。由于矿物的化学成分和内部构造的不同,各种结晶矿物的个体形状也不相向,但绝大多数的矿物在自然界中都是以集合体的形式存在,集合体的形状与组成矿物的个体形状、成分和形成条件密切相关。因此,矿物的形状是我们鉴定和认识矿物的主要依据。

1.常见矿物的个体形状

结晶矿物的个体形状有:柱状(如角闪石)、板状(如长石)、片状(如云母)、菱面体(如方解石)、立方体(如黄铁矿)、八面体(如磁铁矿)、菱形十二面体(如石榴子石)。

2.常见矿物的集合体形状

矿物的集合体形状取决于个体的形状以及它们的集合方式。

柱状集合体——个体均由柱状矿物组成,集合方式也不规则(如角闪石)。

放射状集合体——个体由针状、柱状矿物组成,其一端汇聚、另一端散开,犹如光线四射(如红柱石)。

纤维状集合——由极细的线状体矿物组成,形状似木纤维(如石棉)。

片状集合体——由片状矿物组成的集合体(如云母)。

粒状集合体——由粒状矿物组成的集合体(如石榴子石)。

致密块状集合体——由均匀细小的矿物颗粒紧密排列而成的集合体,其表面很致密(如方解石、白云石)。

晶簇——具有共同基底的一组单品的集合体,与基底近于垂直的晶体发育最好(如石英晶簇)。

大多数矿物都是以集合体的形态出现的,由于矿物形成的条件复杂,所以自然界中结晶矿物的晶体大多数发育都不是很完全的,因此,在观察晶体形状时,应先观察认识完整的个体,这样当观察个体不完整或因遮掩而表现不清楚的标本时,可以用完整的几何形体去辨认及恢复矿物的外形。并在认识个体的基础上,进一步加深认识集合体的形状。

### (二)观察矿物的主要物理性质

矿物的物理性质归纳起来有光学方面、力学方面及其他方面这三个部分。

1.光学方面的性质

矿物的光学性质是指矿物对自然光吸收、反射和折射所表现出来的物理性质,包括矿物的颜色、条痕、光泽和透明度等。

(1)颜色是指矿物对可见光中不同光波选择吸收和反射后,映入人眼视觉的现象。

矿物的颜色与其成分、内部构造和含有的杂质有关,它是矿物最明显、最直观的物理性质。常用标准色谱的赤、橙、黄、绿、青、蓝、紫以及白、灰、黑来描述矿物的颜色,也可以用实物对比来描述矿物,如乳白色、橄榄绿等。

若一种矿物显示出多种不同的颜色时,习惯上将次要颜色写在前面,主要颜色写在后面。如显示褐色为主,黄色为次的褐铁矿的颜色,可写为黄褐色。在观察矿物颜色时,一定注意须在自然光下观察新鲜面的颜色,因为这才是矿物本身所固有的颜色。

(2)光泽是矿物表面对可见光的反射能力。根据其反光的强弱,光泽可分为三个等级:

①金属光泽:反光很强,犹如电镀的金属表面光亮耀眼。不透明的深色矿物(特别是硫化物),常呈现这种光泽,如方铅矿、黄铜矿和黄铁矿等。

②半金属光泽:似未磨光的金属表面的光亮程度,介于金属光泽和非金属光泽之间,称为半金属光泽,如赤铁矿等。

③非金属光泽:为透明或半透明浅色矿物常具有的光泽,可分为以下几类。

金刚光泽——光亮很强,光辉夺目,如金刚石的光泽。

玻璃光泽——似玻璃反射的光亮,如石英晶面、长石、方解石的晶面与解理面等。

珍珠光泽——似珍珠的明亮光润,如云母、滑石的光泽。

丝绢光泽——似丝绢故瑰丽多采,如石绵、石膏的光泽。

脂肪光泽——似油腻的脂肪,乳白石英的断口具有这种光泽。

总之观察光泽时要尽量与日常所见物体表面的光亮情况比较,并且要注意在矿物的新鲜面上来观察。

(3)条痕是指矿物粉末的颜色。硬度较小的矿物在未上釉的白瓷板上刻划,所留下的粉末痕迹就是条痕。条痕色可以消除杂色,保存白色,故颜色较为固定,更具有鉴定的意义。如黄铁矿和黄铜矿具有极相似的黄色,但前者的条痕是黑色,而后者呈黑绿色。因此,条痕也是鉴定矿物的一种重要特征。

试验条痕的方法:将被测的矿物在条痕板(白瓷板)上刻划,这样瓷板上就留下一条研磨下来的粉末痕迹,其显示的颜色则为矿物的条痕。若被测矿物的硬度大于条痕板(硬度为7以上者)时,则需先将被测的矿物研磨成粉末,然后涂于条痕板(或白纸)上观察即可。

(4)透明度指矿物透过可见光波的能力,即光线透光矿物的程度,一般规定以 0.03mm 厚的薄片为标准进行鉴定,肉眼鉴定矿物时,根据透明度的差异分为以下三大类。

透明矿物:光线绝大部分能通过,隔之可透视另一个物体。如水晶、石英、长石、云母、角闪石等。

半透明矿物:光线可通过一部分。如辰砂、闪锌矿等。

不透明矿物:光线几乎全不能通过。如黄铁矿、石墨、磁铁矿等。

这种鉴定无严格界限,鉴定时用矿物边缘较薄处,并以相同厚度的薄片及同样光源加以确定。

矿物的颜色、光泽、条痕和透明度之间是有一定的相互关系的,它们的关系如表 2-1 所示。

2.力学方面的性质

矿物的力学性质是指矿物受力作用后表现出的物理性质,主要有硬度、解理、断口等。

矿物物理性质关系表　　　　　　　　　　　　　表 2-1

| 颜色 | 无色 | 浅色 | 彩色 | 黑色或金属色 |
|------|------|------|------|------|
| 条痕 | 无色或白色 | 浅色或无色 | 浅色或彩色 | 黑色或金属色 |
| 透明度 | 透明 | 半透明 | | 不透明 |
| 光泽 | 玻璃光泽至金属光泽 | 半金属光泽 | | 金属光泽 |

（1）硬度为矿物抵抗外刻划、压入、研磨的能力。

矿物的硬度通常是以摩氏硬度计中的十级已知矿物为标准,摩氏硬度计中的十级矿物名为：滑石、石膏、方解石、萤石、磷灰石、正长石、石英、黄玉、刚玉、金刚石。

（2）解理为结晶矿物受力后沿一定方向裂开成光滑平面的性质,其裂开面为解理面。解理往往沿结晶方向裂开。向一个方向裂开的解理属于一组,矿物的解理组数有一组（如云母）、二组（如长石）、三组（如方解石）等。

根据解理发育的程度,即解理面的完整性可将解理分为极完全解理（如云母）、完全解理（如方解石）、中等解理（如长石）和不完全解理（如磷灰石）等。观察解理时,首先应确定矿物有无解理,通常当发现矿物上有光泽较强（类似镜面反光）呈平整状或阶梯状的裂开面,在其上有断断续续的小裂缝时,可作为有解理的证据（但必须注意解理面和晶面的区别）。当确定有解理后,应注意解理的组数、各组交角及其发育程度,因为这是鉴定矿物的重要标志。

（3）断口——矿物受力敲击后,可沿任意方向发生不规则的裂开,其裂开面称为断口,按其形状可分贝壳状断口（图 2-1）、参差状断口等。

贝壳状断口：断口有圆滑的凹或凸起的表面,并且有呈同心圆状分布的波纹。形状很像贝壳,如石英、黑曜石的断口等。

参差状断口：断裂处粗糙而无定形,如角闪石的横断面。

矿物的力学性质除上述外,还有脆性、挠性、弹性等。

3. 其他方面的物理性质：

矿物其他方面的物理性质主要有比重和磁性等。

图 2-1　贝壳状断口

（1）比重是指纯净、均匀的单矿物的比重。通常按比重大小分为三类：

轻的：即比重在 2.5 以下的；

中等的：即比重介于 2.5～4 之间；

重的：即比重大于 4 的。

（2）磁性是含 Fe、Co（特别是 Fe）的少数矿物特有的能被磁铁吸引或排斥的性质,试验矿物的磁性可用磁铁与磁矿物的晶体或碎屑接近,观察其吸引现象。

此外,还可通过人的触觉、嗅觉、味觉等感官而感觉出矿物的某些性质,如滑石有滑腻感、食盐的咸味、燃烧硫磺的硫臭味等,这些性质对某些矿物的鉴别有时也很重要。

### (三)常见的几种标本的认识实习

石英、正长石、斜长石、云母、角闪石、辉石、方解石、白云石、高岭土、滑石、石膏黄铁矿、磁铁矿、橄榄石、绿泥石、石榴子石等(详细见教科书)。

### (四)实习记录

实习记录的表格如表 2-2 所示。

矿物实习记录表　　　　　　　　　　　　　　　　　　表 2-2

| 矿物标本编号 | 形状 | | 颜色 | 条痕 | 透明度 | 光泽 | 硬度 | 解理 | 断口 | 其他方面性质 | 矿物名称 |
|---|---|---|---|---|---|---|---|---|---|---|---|
| | 个体 | 集合体 | | | | | | | | | |
| | | | | | | | | | | | |
| | | | | | | | | | | | |
| | | | | | | | | | | | |
| | | | | | | | | | | | |
| | | | | | | | | | | | |
| | | | | | | | | | | | |
| | | | | | | | | | | | |
| | | | | | | | | | | | |
| | | | | | | | | | | | |
| | | | | | | | | | | | |
| | | | | | | | | | | | |

### 复习思考题

1. 什么是矿物？矿物按成因分哪几类？

2. 矿物的主要性质有哪些？

3. 矿物的光学性质有哪些？力学性质有哪些？

## 第二节　三大类岩石的认识与鉴定

### 一、定义

岩石是地壳发展过程中,由一种或多种矿物组成的,具有一定规律的固态集合体。因为不同的地质作用形成的岩石,在产状、结构和构造以及矿物组合上都各有其不同特征。所以在进行岩石研究认识的时候,必须广泛地使用野外地质学的方法,如地质制图、剖面测制、重点露头详细研究、采集各种类型的标本及样品等。此外,在室内也应广泛使用各种测试技术和试验岩石学的方法,如偏光显微镜、油浸法、弗氏台 X 光法、化学分析法、差热分析法、电子显微镜法等,以对岩石样品进行更深入细致地观察和分析研究。

### 二、目的和要求

(1)了解组成地壳的三大岩的主要特征(矿物成分、结构和构造)。

(2)初步掌握肉眼观察认识岩石的鉴别方法,并能够认识其中一些典型的、与公路工程建设相关的岩石。

### 三、仪器设备

小刀、放大镜、地质锤、罗盘仪、稀盐酸等。

### 四、内容与步骤

#### (一)岩浆岩

1.岩浆岩的一般特征

岩浆岩是岩浆作用过程中由熔融状态的岩浆在地壳的不同部位冷却而成的,因此本身具有与其成因相联系的特点,据此可与其他两大类岩石区分开,这些特点可以从岩浆岩的产状、矿物成分、结构和构造等方面反映出来。

1)岩浆岩体的产状

侵入岩体(在地壳内冷却的)常见的产状有岩基、岩株、岩墙、岩盘、岩床、岩脉等。

喷出岩体(在地表面冷却的)有的可成层状,但岩体中无化石,可与沉积岩区别。

岩浆岩体的产状,需在野外观察,在室内只能通过地质图和模型来加以了解。

2)组成岩浆岩的矿物成分

组成岩浆岩的矿物最主要的是石英、正长石、斜长石、云母、角闪石、辉石和橄榄石等原生的硅酸盐类矿物,这些矿物在岩浆岩类各种岩石中的组合具有一定规律性,这种规律性与$SiO_2$的含量有关。一般情况是当$SiO_2$含量很多(达65%～75%)时,才出现石英,所以石英是岩浆岩中$SiO_2$过饱和的指示矿物,与其共生矿物主要为正长石和云母,而无橄榄石,为酸性岩类;当$SiO_2$含量很少(小于45%)时,才出现橄榄石和石榴子石,与其共生的矿物主要为辉石或角闪石,而无石英,为超基性岩类;当$SiO_2$含量为上述两类之间时,有两种情况:一种是$SiO_2$含量为52%～65%时,主要是斜长石和角闪石共生在一起,石英偶尔可见,其为中性岩类;另一种情况是,$SiO_2$含量为45%～52%时,主要是斜长石与辉石共生在一起,橄榄石偶尔可见,其为基性岩类。

据上所述,在一块岩石中,主要矿物往往只有两三种,因此,肉眼认识矿物对于鉴定岩石往往具有很重要的意义。

组成岩浆岩的主要矿物,按颜色分为深、浅色矿物两类。浅色矿物如石英、正长石、斜长石等,深色矿物如橄榄石、辉石、角闪石、黑云母等。颜色是化学成分在矿物身上的客观反映,浅色者主要是由钾、钠、钙的铝硅酸盐和二氧化硅组成,称之为硅铝质矿物;深色者主要由铁、镁的硅酸盐组成,称之为铁镁质矿物,自酸性岩类到超基性岩类其组成矿物的特点是:浅色矿物越来越少,而深色矿物而越来越多。

3)岩浆岩中常见的结构

矿物的结晶程度,晶粒大小、形态及晶粒之间或晶粒与玻璃质间的相互组合关系,称之为

岩浆岩的结构。结构特征是岩浆冷凝时所处物理化学环境的综合反映,常见的结构有下列几种:

(1)按岩石中矿物的结晶程度分为:

显晶质结构——岩石中的矿物颗粒较大,一般颗粒都大于 0.5mm,用肉眼可以进行分辨并鉴定其特征,一般为深成侵入岩特有的结构。按照颗粒大小可进一步划分为:

粗粒结构:矿物颗粒大于 5mm;

中粒结构:矿物颗粒在 5~2mm 之间;

细粒结构:矿物颗粒在 2~0.2mm 之间。

在自然界中,经常可以见到上述结构的过渡型结构,如中粗粒、中细粒结构等。

隐晶质结构——岩石中全部由结晶小于 0.2mm 的矿物颗粒组成,肉眼观察时可隐隐约约地见到少量粒状的矿物,但不可辨认其成分,这种结构常见于喷出岩及少数侵入岩体中。

玻璃质结构——岩石中全由非晶质的物质组成,呈均匀致密似玻璃的结构,这是由于岩浆迅速冷凝而形成的,故为喷出岩所特有的结构。

显晶质结构和隐晶质结构也称全晶质结构,玻璃质结构也称非晶质结构。

(2)按晶粒的大小及均匀程度可划分为:

等粒结构——岩石中矿物全部是显晶质粒状,同时主要矿物结晶颗粒大小近似相等,是深成岩特有的结构,根据晶粒的相对大小还可细分:

巨粒结构:>10mm;

粗粒结构:10~5mm;

中粒结构:5~1mm;

细粒结构:1~0.1mm;

微粒结构:<0.1mm。

不等粒结构——岩石中主要结晶矿物颗粒大小不等,相差悬殊,其中晶形完好、颗粒粗大的矿物称斑晶,小的称基底。如果基底为非晶质(玻璃质)的,称为斑状结构;如果基底为显晶质结构的,则称为似斑状结构。斑晶和石基同时形成于相同的环境中,似斑状结构多见于深成岩体的边缘和浅成岩中。

4)岩浆岩中常见的构造

岩浆岩的各种矿物集合体在空间排列及充填方式所反映出的特征,称为岩浆岩的构造,常见的构造有下列几种:

块状构造——各种矿物在岩石中无定向排列、不具有任何特殊形象的均匀块体。为大部分侵入岩常见的构造,如花岗岩等。

流纹状构造——岩石中的板状、柱状矿物呈定向排列或不同颜色的物质成分呈波纹带状分布者称为流纹状构造。这是岩浆冷却前流动所形成经冷却后而保留下来的现象,其为酸性或中酸性喷出岩中常见的构造。

气孔状和杏仁状构造——岩石中分布着大小不同而呈圆形或椭圆形空洞者称为气孔状构造;当气孔被外来物质充填后称为杏仁状构造。这是岩浆中未逸出的气体所占的空间位置,当岩浆冷却后便形成空洞。杏仁充填物常为硅质。气孔状和杏仁状构造是喷出岩特有的构造。例如玄武岩中常可见到。

**2.肉眼鉴定岩浆岩的方法和步骤**

肉眼鉴定岩浆岩的主要依据是组成岩石的矿物成分、结构和构造特征。一般可遵循下列步骤来进行观察鉴定。

(1)观察岩石的颜色,因为它往往能反映岩石的矿物组成特征,并据此可初步确定其所属的大类(酸性、中性、基性和超基性岩类)。一般情况,颜色较浅者为酸性或中性岩类,而颜色较深的为基性或超基性岩类。

在观察岩石的颜色时,要注意它的总体颜色,这可从较远的距离来观察,并要观察新鲜面的颜色,但作为描述岩石,对风化面的颜色也要注意。

(2)观察岩石中主要的矿物成分,从而可确定其属于哪一大类。

在观察矿物成分时,对岩石中的矿物必须认真观察鉴定,由于组成岩石中的矿物常常呈镶嵌较紧的粒状,且颗粒较小,所以比单个矿物的鉴定要困难一些,常要借助于放大镜才能看得清楚。鉴定矿物时,应抓住各种矿物最主要的特点,如利用岩石中见到的矿物颜色的深浅,可以把浅色矿物和深色矿物分开,这样就把鉴定的范围缩小了,然后再利用其他特点作进一步区分。如石英呈粒状,具油脂光泽、无解理等可与板柱状、玻璃光泽、有两组解理的长石相区别;正长石和斜长石又可根据它们各具有个体形状,并参考它们各自的颜色(正长石常为肉红色、斜长石常为灰白色)相区别;黑云母呈片状,且硬度小,用小刀可剥成小片,可与角闪石、辉石相区别。角闪石与辉石的区别在于,角闪石常为长柱状,横断面呈菱形,有两组斜交解理;辉石常为短柱或粒状,呈短柱状者横断面近于方形,两组解理近于直交。橄榄石则常呈粒状,无解理,具贝壳状断口。这样主要的矿物就可以区分开了。此外,利用矿物的共生组合规律也常可以帮助我们来鉴定岩浆岩中的各种矿物的存在可能性。

(3)观察岩石的结构和构造特征。当我们从观察鉴定矿物知道岩石所属的大类之后,接着观察岩石的结构和构造特征,从而确定其属于侵入岩还是喷出岩,这样就可以定出被鉴定岩石的具体名称。

构造比较好确定,只要岩石中各组分均匀分布,无定向排列都属于块状构造。这在岩浆岩中分布最广。若岩石中有流动的痕迹则属于流纹构造,而气孔或杏仁状构造的特征很容易识别。

在观察结构时,看重矿物颗粒的相对大小及其组合关系。若岩石中矿物全部结晶,颗粒大小又比较均匀,可确定为粒状结晶结构;若矿物大小很明显地分为两群,可确定为斑状结构。对粒状结晶结构中颗粒的大小,斑状结构和斑晶的数量的多少都要估计并描述之。

另外由于喷出岩冷却较快,故矿物结晶颗粒一般都很小,甚至是非晶质的。因此,很难从岩石的颜色和矿物的成分划分出其所属的岩类。鉴定喷出岩主要是根据结晶的斑晶成分,并结合岩石的结构、构造等特点加以鉴别。例如斑晶为长石、石英,基质为隐晶质或玻璃质,具有流纹构造时为酸性喷出岩——流纹岩;具细粒结构或斑状结构,气孔状构造或杏仁构造的常为基性喷出岩——玄武岩。

最后,综合所见到的特征,确定岩石的名称和进行描述。

**3.认识几种最常见的岩浆岩**

依据 $SiO_2$ 的含量可以将岩浆岩分为酸性、中性、基性和超基性岩。但其在地壳中冷却的部位又有侵入和喷出之分,因此各类岩石的种类是较多的。现将常见的各种岩浆岩的特征简介如下：

1）酸性岩类

花岗岩：颜色较浅，多为肉红色，有时为灰白色，矿物成分主要为石英、正长石和斜长石，此外尚有黑云母、角闪石等次要矿物，石英含量大于20％，具有粗粒结晶结构，块状构造。

花岗斑岩：颜色、矿物成分和构造与花岗岩一致，但它具斑状结构，斑晶为石英、长石或少量暗色矿物，基质常为细粒或隐晶质。

流纹岩：颜色与花岗岩类似，但有的为紫红色，矿物成分与花岗岩相同。多为斑状结构。斑晶较小为细粒的石英和透长石（为无色透明的正长石），基质为隐晶质或玻璃质，具流纹构造。

2）中性岩类

闪长岩：颜色呈灰色、灰绿色。矿物主要有斜长石和角闪石、正长石，黑云母为次要矿物，偶尔出现石英，具粒状结晶结构，块状构造。

闪长玢岩：岩石的主要特点与闪长岩相同，但它具斑状结构。斑晶为斜长石、角闪石等，基质为细粒或隐晶质。

正长斑岩：斑状结构，斑晶为正长石，块状构造。

安山岩：颜色呈灰、灰绿、紫红等各种颜色，具斑状结构，斑晶为斜长石、角闪石，有时可见辉石或黑云母，角闪石、黑云母多时呈红褐色，这是由于岩浆喷出时矿物组分中二价铁氧化为三价铁所致。基质为隐晶质或玻璃质。

3）基性岩类

辉长岩：颜色呈灰黄、暗绿色，矿物主要为斜长石和辉石。此外可有角闪石、黑云母和橄榄石，常为中粒结晶结构，具块状构造。

辉绿岩：颜色和成分、构造与辉长岩相同。常具辉绿结构。辉绿结构的特征：斜长石结晶程度好（自形较好），组成格架，而辉石或橄榄石结晶程度差（半他形）充填于格架间。在岩石新鲜面上可见闪亮的斜长石，长条状小晶体呈交叉分布，在风化面上，斜长石风化为土状而显白色，这种结构更清晰可见。

当岩石具斑状结构，斑晶为斜长石、辉石等矿物，则称为辉绿玢岩。

玄武岩：颜色呈黑色、黑绿色、褐灰等色，有时为暗紫色，矿物成分与辉长岩相同。常为细粒结晶结构或隐晶质结构，有时为斑状结构，斑晶为斜长石、辉石或橄榄石（它受风化转变为棕红色、解理发育的伊利石）。除具块状结构外，常可见有气孔状和杏仁状构造，因此常作为认识玄武岩的标志。

4）超基性岩类

橄榄岩：颜色为暗绿色或黄绿色，矿物主要为橄榄石、辉石（橄榄石含量大于25％），其次有角闪石等，若岩石中几乎全由橄榄石组成的，称纯橄榄岩，当其中含磁铁矿较多时，可称为含矿橄榄岩，该岩石常发生次生变化，变为蛇纹石化橄榄岩或蛇纹岩（变质岩的一种）。

5）其他

黑曜岩：为火山玻璃岩（火山喷出的熔浆团迅速冷却，来不及结晶而形成的具玻璃质结构的岩石）中的一种岩石，常为褐黑色或黑色，致密块状，具玻璃光泽和贝壳状断口。

浮岩：为火山玻璃岩中的一种岩石，常为白色或灰色，具气孔状构造，常因相对密度小于1

而浮于水中。

附岩浆岩分类简表见表 2-3。

**岩浆岩分类简表**（供肉眼鉴定时用） 表 2-3

| 岩石类型<br>(SiO₂含量) | | | 酸性盐类<br>(65%～75%) | 中性岩类<br>(52%～65%) | 基性岩类<br>(45%～52%) | 超基性岩类<br>(<45%) |
|---|---|---|---|---|---|---|
| 颜色 | | | 浅(红、浅灰、黄)——深(黑、绿、灰) | | | |
| 矿物成分 | | | 石英<br>正长石<br>斜长石<br>(黑云母)<br>(角闪石) | 斜长石<br>角闪石<br>(黑云母)<br>(辉石) | 斜长石<br>辉石<br>(角闪石)<br>(黑云母)<br>(橄榄石) | 橄榄石<br>辉石<br>角闪石<br>(斜长石) |
| 产状 | 构造 | 结构 | | | | |
| 喷出 | 火山锥<br>熔岩流<br>熔岩被 | 致密块状<br>气孔状<br>杏仁状<br>流纹状 | 玻璃质 | 火山玻璃(黑曜岩、浮岩等) | | 少见 |
| | | | 隐晶质、斑状<br>或细粒状 | 流纹岩 | 安山岩 | 玄武岩 | 少见 |
| 侵入 | 岩床<br>岩盘<br>岩墙 | 块状 | 巨粒、细粒状<br>或斑状 | 伟晶岩　结晶岩　煌斑岩 | | |
| | | | 斑状<br>细粒状 | 花岗斑岩 | 闪长玢岩 | 辉绿岩<br>辉绿玢岩 | 少见 |
| | 岩基<br>岩株 | 块状 | 粒状 | 花岗岩 | 闪长岩 | 辉长岩 | 橄榄岩<br>辉岩<br>角闪岩 |

注：1.矿物成分栏中不带括号的为主要矿物，带括号的为次要矿物，是可有可无的。

2.伟晶岩、细晶岩、煌斑岩均匀脉岩，各类岩均可出现，故以通栏列出。

3.本表只包括钙碱系列的岩石，而不包括碱性系列的岩石。

## (二)沉积岩

### 1.沉积岩的一般特征

(1)沉积岩矿物组分特征。

组成沉积岩的矿物可以分为两大类：一类是碎屑矿物，即由原岩经机械破碎的矿物碎屑。常见的有较稳定的石英，其次是长石、云母等。另一类为次生矿物，即沉积岩形成过程中新生成的矿物，常见的有方解石、白云石、海绿石、黏土矿物(如高岭石等)、石膏、岩盐和有机质(如煤)等。

(2)沉积岩中常见的结构。

沉积岩的结构是指沉积岩各组成部分的形态、大小及结合关系。常见的结构有以下几种类型：

碎屑结构：碎屑物(岩石碎屑和矿物碎屑)被胶结物(主要有钙质、铁质、硅质和泥质等)胶结而成的结构。它包括碎屑颗粒的大小、形态、分选性等。碎屑颗粒的大小(又称粒度)是碎屑岩分类的重要依据之一。常见的粒级划分如下：

颗粒直径大于 2mm 的称为砾；

2～0.05mm 称为砂；

0.05～0.005mm 的称为粉砂。

25

按照粒度的大小可将碎屑结构分为砾状、砂状及粉砂状碎屑结构等。

泥质结构：它是由粒径小于 0.005mm 的陆源碎屑或黏土矿物经过机械沉积而成。外表呈致密状，手摸有滑感，用刀切呈平滑面，断口平坦。为黏土岩常具有的特征。

结晶结构：是由溶液中沉淀或重结晶，纯化学成因而形成的的结构。此为化学岩常具有的结构。

生物碎屑结构：岩石中会有较多的生物遗体或生物碎片，如贝壳结构、珊瑚结构。此为生物化学岩所特有的结构。

鲕状结构：由细体与成分相同的胶结物组成，一般粒径小于 2mm，当大于 2mm 者称为豆状（或肾状）结构。见鲕状灰岩、豆状赤铁矿标本。

（3）沉积岩中常见的构造。

沉积岩的构造是指岩石各组成部分的空间分布和排列方式所呈现的特征。在沉积岩中常见的结构有：

层理构造：这是沉积岩中由于物质成分、颗粒大小或颜色等方面的不同，而在垂直方向上显示出来的成层现象。按层理的形态可分为水平层理、交错层理和斜层理。

有些沉积岩因层理厚度较大，在一块手标本上不能反映出它的成层现象，所以必须结合野外观察。

层面构造：表现在岩层层面上的构造特征。常见的层面构造有波痕、泥裂、雨痕、足迹等。

结核构造：在岩石中呈不规则或团球形，而其成分与周围岩石的成分有明显不同的现象称为结核。如灰岩中的燧石结核。

化石构造：保存着的经石化以后的古代生物的遗体和遗迹，它为沉积岩所特有，是确定地层时代和沉积物形成环境的重要标志和依据。

（4）沉积岩的产状。

沉积岩分布于地球表部呈层状或透镜体等这种沉积岩的空间产出状态，我们称之为沉积岩的产状。一般通过岩层的走向、倾向和倾角来确定。

**2.沉积岩的肉眼鉴定方法和步骤**

**1）沉积岩的分类及各类的主要持征**

沉积岩按其成因和组成物质可分为碎屑岩、黏土岩、生物化学岩及化学岩。每种岩石各自特征如下：

（1）碎屑岩类：包括沉积碎屑岩和火山碎屑岩，是在内外地质作用过程中形成的碎屑物质以机械方式沉积下来，通过胶结而成的一类岩石。

①沉积碎屑岩的碎屑物质来自母岩，是地球外动力地质作用的产物。按其粒度及其含量可分为砾岩、砂岩、粉砂岩等。

砾岩及角砾岩：由 50% 以上粒径大于 2mm 的砾或角砾胶结而成，砾状结构，块状构造。硅质胶结的石英砾岩非常坚硬，而泥质胶结的则相反。

砂岩：由 50% 以上粒径在 0.005～2mm 的砂胶结而成，砂粒主要成分为石英、长石及岩屑等，砂状结构，层理构造。其中砂状碎屑结构据粒度还可进一步划分为粗粒、中粒、细粒碎屑结构和粉砂状碎屑结构。并根据这些结构特征分别命名为粗砂岩、中粒砂岩、细砂岩和粉砂岩。

砂岩按照其成分及其含量分为如下类型，见表 2-4。

砂 岩 分 类 简 表　　　　　　　　　表 2-4

| 砂岩名称 | 岩屑成分及其含量(%) | | |
|---|---|---|---|
| | 石英 | 长石 | 石屑 |
| 石英砂岩 | >90 | <5 | <5 |
| 长石砂岩 | <75 | <25 | <5 |
| 硬砂岩 | <75 | <5 | <25 |
| 长石石英砂岩 | >70 | 5～25 | <5 |
| 硬砂质石英砂岩 | >70 | <5 | 5～25 |

②火山碎屑岩是由火山喷出的碎屑物质沉积而成、火山喷出的碎屑量含量大于50%,火山碎屑岩为沉积岩与岩浆岩的一种过渡类型。常见类型有火山集块岩(多数粒径>100mm)、火山角砾岩(多数粒径介于100～2mm之间)、凝灰岩(多数碎屑<2mm)。

(2)黏土岩类:主要由黏土矿物和小于0.005mm的碎屑物组成,泥质结构,层理构造。若层理极薄,经风化或锤击常可破裂成碎片,则称有层理构造的黏土岩叫页岩。

(3)化学岩及生物化学岩类:由化学方式或在生物的参与作用下沉积形成的岩石。主要为岩盐类矿物(如方解石、石膏等)和生物遗体组成。具结晶结构或生物碎屑结构,层理构造。

根据其成分和结构尚可进一步划分命名,如鲕状灰岩、竹叶状灰岩、白云质灰岩,含海绿石鲕状灰岩、贝壳灰岩、礁灰岩等。

2)肉眼鉴定沉积岩的方法和步骤

肉眼鉴定岩石是进一步鉴定岩石(如显微镜下鉴定等)的基础。肉眼鉴定的方法步骤如下:

(1)首先根据野外产状、组成物质、结构、构造等确定所鉴定岩石属于哪一大类岩石。

(2)鉴定岩石的结构类型。

(3)如所鉴定的岩石属碎屑结构,就应按粒度大小及其含量进一步区分。

确定碎屑颗粒大小的方法是直接与已知标准粒度作比较或者将颗粒放在坐标纸上,通过毫米格来对比。定名时,一般以含量大于50%者作为命名的基本名称,含量介于50%～25%之间者以"××质"表示;含量25%以下者以"含××"表示。例如某岩石中碎屑颗粒砾级含量为60%左右,砂级为40%左右,根据上述原则,可将该岩石命名为砂质砾岩。

(4)除碎屑外,还要对胶结物成分作鉴定。一般可通过岩石中胶结物的颜色、岩石的坚实程度、化学特征等来综合鉴定。铁质胶结物多为红、褐或黄褐色;钙质胶结物硬度较小(小刀可刻划),滴盐酸起泡并发出嘶嘶之声;泥质胶结的岩石较疏松;硅质胶结物硬度大(小刀刻不动),岩石坚硬,为了反映胶结物的待点,有时它也参加岩石命名(如钙质胶结砂岩)。

(5)对碎屑岩碎屑颗粒形态进行鉴定描述。碎屑形态特点,除砾岩外一般不参加岩石命名。

(6)组成岩石的物质成分鉴定,分两种情况:

对于砂级碎屑岩,化学岩及生物化学岩还有黏土岩主要是鉴定矿物成分及数量。用肉眼鉴定矿物的方法为,首先确定矿物的种类(如利用矿物的物理性质,力学性质等特征),然后在岩石标本的一定范围内目估各组分占总组分含量的百分比,并由此考虑岩石的名称(如长石砂岩、白云质砂岩等)。

对于含岩屑较多的岩石(如砾岩等)就应鉴定其中组成砾石的岩石种类,并注意含各类岩石含量百分数。

(7)岩石构造的鉴定:应注意结合野外或模型来观察确定岩石的构造类型(层理、层面),有些构造特征也可参加岩石命名(如黄绿色页岩、透镜状灰岩等)。

(8)岩石颜色的描述:岩石颜色的描述中应注意区别新鲜面与风化面的颜色,并分别描述。由于岩石往往是由多种不同颜色的矿物组成的,因此要求描述岩石的总体颜色,即各种矿物的综合颜色,而不是指某一矿物的颜色。在描述用词上,通常是次要颜色写于前,主要颜色写于后。

### (三)变质岩

#### 1.变质岩的基本特征

变质岩是变质作用的产物,前面学了沉积作用和岩浆作用,通过比较我们会认识到变质作用有两个最主要的特征:一个是这种作用表现在已经形成的岩石上基本是固态状态下剧烈变化的,另一个它表现为由低温到高温的不断升温的过程。影响变质作用的主要因素是温度、压力和化学活动性流体。下面就简要介绍一下肉眼能够直接观察到的变质岩的基本特征。

1)变质岩的矿物成分

组成变质岩的矿物成分可为两部分,一部分是岩浆岩、沉积岩都具有的矿物(如石英、长石、云母、白云石、方解石等),但不同之处在于它们的颗粒往往较原先的大(因经过重结晶作用)或者矿物本身表现有压碎、拉歪、拉长等现象(因经受压力作用);另一部分常常为变质岩所特有的矿物,即主要为变质作用过程中所形成的矿物(如红柱石、蛇纹石、石榴子石、石墨、滑石、绿泥石等),有的沉积岩中虽然也可以有石榴子石矿物,但它不是沉积岩中的自生矿物,而是由含石榴子石的变质母岩经风化、剥蚀、搬运再沉积后保留下来的一种矿物。

2)变质岩中常见的结构

组成变质岩的矿物的粒度、形态和它们之间的相互关系称为变质岩的结构。常见的有如下几种结构类型:

(1)变余结构:由于变质程度较低、重结晶作用不完全,仍保留原岩结构(如变余碎屑结构,变余斑状结构等)。这种结构常见于变质轻微的岩石中。

(2)变晶结构:原岩在固态条件下,岩石中的各种矿物同时重结晶和变质结晶形成的结构。它是变质岩中最主要的一种结构。

按照矿物颗粒的大小,可将变晶结构分为:粗粒变晶结构(粒径>3mm)、中粒变晶结构(粒径 3~1mm)、细粒变晶结构(粒径<1mm)。

按矿物的形态可将变晶结构分为:

粒状变晶结构:岩石主要由粒状矿物(如石英、方解石等)所组成,无明显的定向排列,如石英岩、大理岩等常见于此种结构。根据矿物颗粒的相对大小又可继续分等粒、不等粒及斑状变晶结构。

鳞片变晶结构:由片状矿物(如云母、绿泥石等)所组成并具有定向排列的一种结构。如绿泥石片岩即表现出这种结构。

片状变晶结构:主要由长柱状矿物所组成,并常具定向排列或呈放射状、束状的特点。多见于角闪片岩、阳起石片岩中。

（3）碎裂结构：定向压力作用下，使岩石中的矿物在发生弯曲、破碎、裂开甚至研磨成细小的碎屑或岩粉被胶结而成的结构，在动力变质岩中常见。

3）变质岩中常见的构造

变质岩中各种矿物的空间分布和排列关系上的外貌特征称为变质岩的构造。按照成因将其分为变余构造、变成构造、混合岩化构造等三类。以下我们着重介绍变成构造的类型。

板状构造：又称板理，在温度不高而以压力为主的变质作用下，由岩石中的显微片状矿物平行排列而成密集的板理面。岩石结构致密，所含矿物肉眼不能分辨，板理面有丝绢光泽，能沿一定方向分裂成均一厚度的薄板，这种构造在低级区域变质岩中常见。

千枚状构造：矿物重结晶程度比板岩高，初步具定向排列，但结晶不强烈，矿物颗粒肉眼还不能分辨，仅在岩石的自然破裂面上有弱丝绢光泽，有时见有许多小皱纹。此种构造常见于千枚岩中。

片理状构造：原岩经过区域变质、重结晶作用，使云母、绿泥石及角闪石等片状、柱状矿物平行排列成连续薄片状，岩石中的组分全部重结晶，肉眼可以看出矿物颗粒，片理面光泽很强，这是片岩所特有的构造。

片麻状构造：不同矿物（粒状、片状相间）定向排列，呈大致平行的断续条带状，沿片理面不易劈开，它们的结晶程度都比较高，片麻岩具此构造。

块状构造：岩石中的矿物成分和结构都很均匀，无定向排列，也不能定向裂开，如石英岩、大理岩及部分矽卡岩等都具这种构造。

4）变质岩的产状

变质岩的产状决定于原岩的产状与变质作用的类型。一般情况是，接触变质的变质岩常呈环带状分布，动力变质岩常呈狭长的条带状分布，区域变质岩常呈大面积的层状或厚层的块状分布。

2．肉眼观察变质岩的具体方法和步骤

（1）区别常见的几种变质岩的构造（如板状、千枚状、片状、片麻状等）。首先直接观察结晶颗粒大小，若肉眼不易分辨的则可能属板状、千枚状类。然后再进一步观察破裂面的特点（对肉眼不易分辨颗粒者），若破裂面光滑平整，易劈成厚度均匀的薄板状则为板状构造岩石。片理面上见有强烈的丝绢光泽，且有时尚见有许多明显的小皱纹则为片理构造。对片理和片麻理的区分首先观察矿物的形态特点，然后注意定向排列的连续性，若主要由片状或柱状矿物所组成，且成连续分布则为片理构造，反之若以粒状矿物为主，片状、柱状矿物呈定向排列，但不连续成层，则为片麻构造。若岩石中全部由粒状矿物组成，不显定向性，则可定为块状构造。

（2）在观察结构时，除了前面介绍过的几种结构类型外，常有变质岩中矿物组成既有粒状，又有片状、柱状或纤维状，在这种情况下其结构可主次综合描述。如片麻岩主要是由长石、石英的粒状矿物组成，并有少量的片状矿物（黑云母）或粒状矿物（角闪石）。片状、柱状矿物又呈定向但不连续的排列，其结构特征可描述为鳞片粒状变晶结构。

（3）除了观察岩石的结构、构造外，对其矿物成分必须做出准确的鉴定，并且估计各种矿物的含量，方法同前所述。不过这里遇到的变质矿物要注意它们的形态和物理性质的特征，如石榴子石、阳起石、绿泥石、绿帘石等。

（4）观察变质岩的颜色时也要注意其总体和新鲜面的颜色。

最后，根据分类命名原则、确定所要鉴定的岩石名称。

3.几种常见的变质岩

变质岩种类繁多，这里只介绍几种常见的岩石类型。

（1）板岩：具板理构造，基本保持原岩的结构，没有明显的重结晶现象，原岩一般为泥质、粉砂质岩石。它是属于变质程度较低的一类岩石。根据颜色或所含杂质可进一步划分命名。如黄绿色板岩、碳质板岩、凝灰质板岩等。

（2）千枚岩：具千枚构造，一般为细鳞片变晶结构，矿物成分以绢云母、石英为主，原岩基本同上，变质程度属中低级，进一步命名可按其颜色、所含特征变质矿物及其他杂质等来进行。如银灰色千枚岩、钙质千枚岩或硬绿泥石千枚岩等。

（3）片岩：具片状构造，鳞片变晶结构或斑状变晶结构，片状或柱状矿物占1/2左右或更多，浅色粒状矿物中石英含量大于长石，详细命名可按"特征变质矿物＋主要的片状或柱状矿物＋片岩"的方式进行。如十字石黑云母片岩、绿泥石片岩等。

（4）片麻岩：常具片麻构造，中粗粒鳞片粒状变晶结构，其中长英质矿物占1/2左右或更多。一般长石含量大于石英。这类岩石进一步分类命名的方式是"特征矿物＋主要的柱状矿物或片状矿物＋长石种类＋片麻岩"。当无法鉴定长石种类时，该项可取消，如黑云母片麻岩等。

（5）石英岩：一般为块状或片麻构造，等粒变晶结构，在岩石中，矿物总含量中石英含量大于75％的均属此类。

（6）大理岩：碳酸盐矿物占1/2以上的岩石均属此类。一般为等粒变晶结构，其进一步详细命名的方式为"颜色＋变质矿物＋碳酸盐的种类＋大理岩"。如白色镁橄榄石、白云质大理石等。

4.实习记录格式（表2-5）

**岩石鉴别记录表** 表2-5

| 岩石编号 | 颜色 | 结构 | 构造 | 矿物成分 | 其他 | 岩石名称 |
|---|---|---|---|---|---|---|
|  |  |  |  |  |  |  |
|  |  |  |  |  |  |  |
|  |  |  |  |  |  |  |
|  |  |  |  |  |  |  |
|  |  |  |  |  |  |  |
|  |  |  |  |  |  |  |

## 复习思考题

1.什么是岩石？岩石按成因分哪几类？

2.岩浆岩是如何形成的？常见的结构和构造有哪些？

3.什么是沉积岩？常见的结构和构造有哪些？

4.什么是变质岩？常见的结构和构造有哪些？

# 第三节　岩石的鉴定和描述

## 一、岩石的鉴定

道路工程技术人员对岩石及其标本进行鉴定是十分必要的,虽然岩石的种类繁多,但只要抓住其主要特征,认真细致地加以分析,就可以区分各种岩石。鉴别岩石一般可通过以下步骤进行。

第一,可根据岩石的产状,特殊的结构、构造,主要的或特殊的物质成分来区分岩浆岩、沉积岩和变质岩三大类岩石(表 2-6)。

三大类岩石的主要区别　　　　　　　　　　　　　表 2-6

| 特　征 | 岩　浆　岩 | 沉　积　岩 | 变　质　岩 |
|---|---|---|---|
| 结构和构造 | ①具粒状、玻璃、斑状结构、气孔、杏仁、块状等构造;<br>②除喷出岩外,没有层状、片状等构造 | ①结构复杂,因形成环境而异;<br>②具层理,在层面上有波痕 | ①有片理;<br>②板状、片状、片麻状构造结晶质结构;<br>③砾石及晶体因受力可能变形 |
| 矿物成分及其他特征 | ①主要为含硅矿物,硬度高;<br>②不含化石;<br>③含多量长石;<br>④标准矿物:长石、辉石、橄榄石 | ①主要成分为石英、方解石、黏土矿物,分布最广的岩石是页岩、砂岩和石灰岩;<br>②含有化石;<br>③标准矿物:岩盐、石膏 | ①主要是绿泥石、滑石等,如岩石硬度高,多为含硅类矿物;<br>②变质深则小含化石;<br>③标准矿物:绿泥石、滑石等 |

第二,如果确定了是岩浆岩,则可根据颜色(矿物成分)和结构、构造决定岩石名称。因为在岩浆岩中,深色岩石含铁镁矿物(角闪石、辉石)多,多属基性或超基性岩类;而如果颜色浅,则主要是硅铝矿物(长石、石英),为中性岩类或酸性岩类。然后,根据结构、构造,可确定其生成环境,这样就可以把岩浆岩类岩石区分开了。

第三,如果确定了是沉积岩,则应先根据胶结构的有无,把碎屑岩和化学岩、生物化学科区分开。如果是碎屑岩,则应根据碎屑的大小分出砾岩(角砾岩)、砂岩或黏土岩;而如果是化学岩或生物化学岩,则可用稀盐酸鉴别;岩石起泡者为石灰岩;粉末起泡者为白云岩;起泡后留下土状斑点者为泥灰岩。

第四,如果确定是变质岩,则应根据构造进一步划分,在定向构造岩石中,具片理状构造的为片岩或千枚岩,具片麻状构造的为片麻岩,而如果是厚板状的,则为板岩。在块状构造的岩石中,滴稀盐酸起泡者为大理岩,不起泡者为石英岩。

## 二、岩石的描述

在野外鉴定岩石或在室内鉴定岩石标本后,必须用简明扼要、准确、科学的语言把它们描述、记录下来,标本描述内容依次为:岩石总体特征、组成岩石各矿物的基本特征、次生变化等其他特征及定名。

**(一)岩石的总体特征**

包括颜色、构造、结构和矿物组成上的总特点(矿物种类、含量)。

1.颜色

颜色是岩石最醒目的特征。颜色描述包括颜色种类和深浅,如暗红色、浅黄绿色等。新鲜岩石的颜色是岩石组成矿物颜色的综合反映。如绿泥石是绿色的,主要由绿泥石组成的绿泥石片岩也为绿色。但是,要把颜色与色率区分开来。"色率"是暗色矿物(铁镁矿物)在岩石中所占的体积百分比,而颜色除与矿物组成有关外,还与结构(粒度)有关,相同矿物组成的岩石,粒度越细颜色越深。如辉绿岩比辉长岩颜色深,而玄武岩的颜色更深(通常是黑色)。此外,风化作用会改变岩石颜色。若岩石遭受了风化,应指出风化后的颜色。

2.构造

岩石构造指岩石在矿物空间分布方面的特征,分布是否均匀、是否定向等。例如:在无定向构造中,若岩石中矿物分布均匀,则称为块状构造,若分布不均匀,则称为斑杂状构造等;定向构造包括各类面理(层理、板劈理、片理、片麻理、流动固理等)、线理,两者通常在岩石中同时出现,此时线理产在面理上。因此,野外通常在面理上测量线理产状。

构造是较宏观的岩石构成特征,要求观察尺度比较大,最好在露头上观察。室内构造主要在标本上观察。因此,标本对构造的描述要细致,尽量定量。如对条带状构造,要描述条带的颜色、疏密、宽窄及粒度、成分等特征;对喷出岩的气孔构造,要描述气孔的数量、大小、形状、分布排列和内壁的光滑程度;对杏仁构造,要描述杏仁体是呈放射状充填的,还是呈同心状充填的,或是自气孔壁的一侧呈单方向逐渐向内充填的。如果气孔还未被填满,那么前者留下的空洞必位于原气孔的中部,而后者留下的空洞则偏于气孔的一端,这时,已充填和未充填的部分分别指向岩层的底面和顶面,它对于判断火山岩的层序关系是很有用的。描述时,还要注明杏仁体的矿物成分(通常是方解石、石英、玉髓、绿泥石、沸石等)。当气孔(或杏仁)被拉长呈平行的细条,显出流动的特点时,则不再称杏仁或气孔构造,而称为流纹构造。描述流纹构造时,要注意不同颜色组成的流纹的粗细、疏密等特征。对拉长的气孔形成的流纹,要描述这些拉长气孔的形态和长、宽比例以及在垂直和平行流纹的方向上相邻两气孔之间的距离等特征。

3.结构

结构是指组成岩石的矿物的形状、大小及相互关系。与构造相比,结构是较微观的岩石构成特征,要求观察尺度比较小(颗粒尺度),最好在偏光显微镜下观察。肉眼观察岩石结构主要看大小、颗粒形状。

(1)大小:包括粒度及其分布。

肉眼可见颗粒的粒度(粒径 $d$)可用粒度对比图估计,颗粒粗大者则直接用尺测量。肉眼不能分辨颗粒者,则视岩石的颜色、光泽和断口等特征判断属隐晶质或非晶质(玻璃质、凝胶质、粉砂质、泥质)。隐晶质结构的特征为粗糙似瓷状断口和较黯淡的光泽;玻璃质结构的特点是具贝壳状断口和玻璃光泽;凝胶质结构特点是断口贝壳状或尖棱状,光泽黯淡;泥质结构特点是断口细腻,土状光泽,无粗糙感,小刀可切出平滑切面;粉砂质结构断口较粗糙,呈瓷状,用小刀刻划有明显的砂感,发出沙沙声。

观察描述粒度时应注意,不同成因类型的岩石粒度划分不同:岩浆岩中以 2mm、5mm 为界分细、中、粗粒,变质岩中以 1mm、2mm 为界分细、中、粗粒,而碎屑岩中以 0.05mm、2mm 为界分粉砂、砂、砾等。

在粒度分布方面,对结晶岩而言,如果岩石中所有颗粒粒度近似相等,则称为等粒结构。若颗粒粒度显著不同,且无占优势的粒度,则称为不等粒结构。颗粒粒度呈双模式分布,大颗粒(岩浆岩中称为斑晶,而变质岩中称为变斑晶)为细小颗粒(基质)包围,则称为斑状结构(岩浆岩中)或斑状变晶结构(变质岩中)。斑晶或变斑晶与基质通常由不同矿物组成。对斑状结构或斑状变晶结构,需描述基质的结构。对碎屑岩而言,粒度分布相当于分选性:如果岩石中所有颗粒粒度近似相等,则称为分选好。若颗粒粒度显著不同,且无占优势的粒度,则称为分选中等。若颗粒粒度呈双模式分布,则称为分选差或分选极差。

(2)形状:结晶岩的颗粒形状包括矿物的自形程度和结晶习性。

矿物按自形程度分为自形(矿物的晶面完整)、半自形(部分晶面完整、部分不规则外形)和他形(无完整晶面、外形不规则)。矿物按结晶习性分等轴粒状、板状、鳞片状、柱状、针状、纤维状等。对火成岩而言,自形程度较重要;而对变质岩而言,结晶习性较重要。碎屑岩的颗粒形状包括碎屑的磨圆度和形状。碎屑按磨圆度分为棱角状、次棱角状、次圆状和圆状。碎屑的磨圆度可与矿物的自形程度相对比:棱角状与自形、次棱角状和次圆状与半自形、圆状与他形分别类似。

4.矿物组成上的总特点

按百分含量,组成岩石的矿物可分为主要矿物(＞10％)、次要矿物(1％～10％)和微量矿物或副矿物(＜1％)。描述岩石在矿物组成上的总特点的方法通常是依次指出主要矿物、次要矿物和副矿物的矿物种类,各矿物的百分含量(按含量自多至少为序);对斑状结构或斑状变晶结构的岩石,先斑晶或变斑晶,后基质;对碎屑(陆源、内源或构造碎屑),则先碎屑,后填隙物质(基质和胶结物)。

肉眼估计矿物百分含量难度较大,有经验的地质人员估计的矿物百分含量,误差不超过5％。初学者要通过不断实践才能掌握。估计时,要选择有代表性的部位,先估计整个岩石中浅色矿物与暗色矿物的比例,然后再细分暗色矿物各种属和浅色矿物各种属的相对含量。特别要注意的是,初学者对颗粒细的岩石,往往将暗色矿物估计过高,在估计时,要有意识地加以克服。

**(二)组成岩石各矿物的基本特征**

通常按含量自多至少为序,逐一描述每种矿物的颜色、形状、大小和其他鉴定特征。对斑状结构或斑状变晶结构的岩石,先描述斑晶或变斑晶,后描述基质;对碎屑(陆源、内源或构造碎屑),先描述碎屑,后描述填隙物质(基质和胶结物)。观察描述时应注意,对显晶质矿物一般应在放大镜下,运用已学过的矿物学知识,根据矿物的颜色、晶形、双晶、光泽、断口和硬度等特征,鉴定矿物类型。鉴定特征观察到什么就描述什么,不要照抄书上的描述。对隐晶质和非晶质,由于矿物成分肉眼不能分辨,所以主要描述颜色、光泽和断口等特征。

**(三)其他特征**

其他特征包括次生变化、破碎情况、细脉穿插、岩石包体、矿化等,如见到应描述。次生变化是指岩石形成以后所遭受的各种化学和物理的改造或破坏(包括蚀变、去玻化、风化等)导致的矿物成分改变而形成次生矿物。如橄榄石的蛇纹石化、透闪石化、伊丁石化,辉石、角闪石、黑云母的绿泥石化,长石的高岭土化、绢云母化等。通常次生变化在标本上不易观察,而在偏光显微镜下则看得清楚。

### (四)定名

根据野外产状以及上述特征,结合分类命名原则给岩石以初步名称。现列举几种岩石标本的描述如下:

#### 1. 花岗岩

肉红色,全晶质中粒等粒结构。致密块状构造。主要由正长石、石英、斜长石组成,并含少量次要矿物黑云母。正长石为肉红色,宽板状、解理完全、玻璃光泽,含量约 60%;石英为无色透明,不规则粉状,断口油脂光泽,含量约 25%,斜长石为灰白色,略呈长板状、解理完全、玻璃光泽,含量约 10%;黑云母为黑色,片状、珍珠光泽、解理极完全,可用小刀剔成薄片,含量约 5%。

#### 2. 石英砂岩

暗紫褐色,颜色分布不很均匀,中粒砂状结构,颗粒大小比较均一,粒径均不及 0.5mm,主要成分为石英,由颜色可知胶结物为铁质,分布不均匀,个别地方铁质聚集成团块,有的已风化成褐色,胶结致密坚硬。

#### 3. 片麻岩

灰白色夹黑灰色的细条带,具明显的片麻状构造,颗粒均匀,为中粒等粒变晶结构。矿物成分以斜长石、石英和黑云母为主。斜长石为灰白色,具较强的丝绢光泽;石英为灰白色,玻璃光泽;黑云母分布不均匀,成条带状集中。

### 复习思考题

1. 简述肉眼鉴定岩石的步骤。

2. 鉴定岩石时,描述的内容有哪些?

# 第三章　土的物理性质试验

## 第一节　土粒密度试验

### 一、定义

土粒密度是指在 105～110℃下将土烘至恒重时的质量与土粒体积的比值。国标中称土粒比重,定义为土粒在温度 105～110℃下烘至恒量时的质量与同体积 4℃时纯水质量的比值。根据土的粒度值和粒度成分的不同,可采用不同的试验方法:

(1)粒度小于 5mm 的土可用比重瓶法加以测定。

(2)粒度大于 5mm 的土,其中含大于 20mm 的颗粒小于 10％时,可用浮称法进行;其中含大于 20mm 颗粒超过 10％时,可用虹吸筒法进行测定;然后取其加权平均值作为土粒密度值。其计算方法可参照相关参考书。这里只介绍比重瓶法。

### 二、目的

本试验的目的是测定土粒密度,因为它是土的物理性质最基本的指标之一。

(1)由土粒密度的大小可大致判定土中是否存在某种重造岩矿物或有机物质,即可定性分析土的矿物成分。

(2)可为土的孔隙比、孔隙度、饱和度等的计算提供基本数据。

(3)用于击实试验中计算饱和含水率及估算最大干重度。

### 三、原理

由土粒密度定义可知,需求出固体颗粒的质量和体积即可,而关键的关键是求出固体颗粒的体积,这样我们可用比重瓶,推算出固体颗粒排出的液体体积,便可得出结论,比重瓶法就是利用这个原理。

### 四、仪器设备

(1)比重瓶:容量为 50mL 或 100mL 两种形式,另外还有长颈比重瓶和短颈比重瓶之分,长颈比重瓶在瓶颈上有刻度。短颈比重瓶的瓶塞中间有毛细孔道,是液体溢出的通道,详见图 3-1。

(2)天平:称量 200g,感量 0.001g。

(3)其他用品:烘箱、蒸馏水、中性液体(如煤油等);孔径为 5mm 筛;漏斗、滴管;恒温水槽(灵敏度为 ±1℃);砂浴;真空抽气机设备;温度计(测量范围 0～50℃,精确到 0.5℃)。

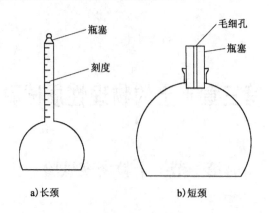

图 3-1　比重瓶示意图

（4）比重瓶校正。

将比重瓶洗净、烘干，称比重瓶质量，准确至 0.001g。将煮沸后冷却的纯水注入比重瓶。对长颈比重瓶注水至刻度处，对短颈比重瓶应注满纯水，塞进瓶塞，多余水分自瓶塞毛细管溢出。调节恒温水槽至 5℃或 10℃，然后将比重瓶放入恒温水槽内，直至瓶内水温稳定。取出比重瓶，擦干外壁，称瓶、水总质量，准确至 0.001g。

以 5℃级差，调节恒温水槽的水温，逐级测不同温度下的比重瓶、水总质量，至达到本地区最高自然气温为止。每级温度均应进行两次平行测定，两次测定的差值不得大于 0.002g，取两次测值的平均值。绘制温度与瓶、水总质量的关系曲线。

### 五、试验步骤

（1）记录比重瓶的编号，并称其质量 $m_1$，精确至 0.001g，以下皆用此精度要求。

（2）将经过 5mm 筛的土样在 105～110℃的温度下烘至恒重（烘至相隔 1～2h，其质量不再减少为止），然后称取 10～15g，放入晾干的比重瓶内，加上瓶塞，称其质量为 $m_2$。

（3）去掉瓶塞，注入蒸馏水达比重瓶容积的一半，摇动比重瓶，并将比重瓶放在砂浴上煮沸，煮沸时间自悬液沸腾时算起，砂及亚砂土不少于 30min，黏土及亚黏土应不少于 60min，使土粒完全分散，并全部排除土体内的气体。

（4）将比重瓶冷却至规定的温度（15～20℃），然后再装满蒸馏水，加瓶塞使水由塞孔中溢出，之后擦干瓶与塞，称其质量为 $m_3$。

（5）倒净比重瓶中的水与土，冲洗干净，然后再装满蒸馏水，加塞使水由塞中溢出，擦干瓶与塞，称准质量为 $m_4$。

（6）本试验须进行两次平行测定，然后取其算术平均值。以两位小数表示，其平行差值不得大于 0.02。

### 六、计算、记录及绘图

（1）按式（3-1）计算土粒密度：

$$G_s = \frac{m_2 - m_1}{m_4 - m_3 + m_2 - m_1} \rho_{wt} \tag{3-1}$$

式中：$\rho_{wt}$——$t$℃时蒸馏水的密度，可查相关物理手册，精确至 0.001。

（2）本试验记录格式如表 3-1 所示。

**土粒密度试验记录（比重瓶法）** 表 3-1

工程名称　234　　　　　土样说明　黏土　　　　　试验日期　2012 年 4 月 5 日　
试　验　者　×××　　　　　计　算　者　×××　　　　　校　核　者　×××　

| 试样编号 | 比重瓶号 | 温度（℃） | 液体密度 | 比重瓶质量（g） | 瓶+干土质量（g） | 干土质量（g） | 瓶+液体质量（g） | 瓶+土+液体质量（g） | 与干土同体积的液体质量（g） | 土粒密度（g/cm³） | 平均值（g/cm³） | 备注 |
|---|---|---|---|---|---|---|---|---|---|---|---|---|
| | | ② | ③ | ④ | ⑤ | | ⑥ | ⑦ | ⑧ | ⑨ | | |
| | | 查表 | | | | ④－③ | | | ⑤+⑥－⑦ | ⑤/⑧×② | | |
| 01 | 69 | 15.4 | 0.999 | 34.985 | 49.990 | 15.005 | 135.475 | 145.023 | 5.457 | 2.747 | 超限 | 重做 |
| | 70 | 15.4 | 0.999 | 34.916 | 49.920 | 15.004 | 135.526 | 145.012 | 5.518 | 2.716 | | |
| 02 | 71 | 15.4 | 0.999 | 34.816 | 49.830 | 15.014 | 135.367 | 144.885 | 5.496 | 2.729 | 2.72 | 合格 |
| | 72 | 15.4 | 0.999 | 35.012 | 50.020 | 15.008 | 135.821 | 145.312 | 5.517 | 2.718 | | |

## 七、注意事项

（1）比重瓶大小的选择：

颗粒小于 5mm 的土用比重瓶法测定比重，比重瓶有 100mL 和 50mL 两种，经比较试验认为，瓶的大小对比重试验的结果影响不大。但因用 100mL 的比重瓶可以多取试样，使试验更有代表性，提高试验的精度，所以本试验建议用 100mL 的比重瓶。

（2）用比重瓶测定土粒密度，目前绝大多数都采用烘干土，但对有机质含量高的土可不予以烘干即做试验，待试验结束后，再测定试样的烘干质量。

干土质量的测定，试验中采用将瓶烘干后加土称量，这样可以避免土的飞扬和散失。

（3）试验用的液体，规定为经煮沸并冷却的脱气蒸馏水，要求水质纯度高，不含任何被溶解的固体物质。

（4）排气方法，以煮沸法为主。

（5）当土中含有可溶盐分或亲水性胶体或是有机物时，则不能用蒸馏水，以免出现试验误差，所以须用中性溶液（如采用煤油，也可采用酒精或苯），并采用真空抽气法代替煮沸法，以排出土中的气体。

抽气时真空度必须接近一个大气压，一般从达到该真空度时算起，抽气时间约为 1～2h，直至悬液中无气泡逸出为止，那么在计算时要将计算式乘以中性溶液的密度值，即

$$G_s = \frac{m_2 - m_1}{m_4 - m_3 + m_2 - m_1}\rho_{2t} \tag{3-2}$$

式中：$\rho_{2t}$——$t$℃下中性溶液的密度值，亦可查表获得。

（6）同一种黏性土的土粒密度，从冬季到夏季随着大气温度升高及水蒸气压力增大而减

少。砂性土则影响极小。所以建议对黏性土用控制烘箱相对湿度相等的方法进行土粒密度测定。

（7）比重瓶试验的计算式中的 $m_2$ 与 $m_4$ 必须在同一温度下称重，而 $m_2$ 与 $m_1$ 的称取与温度无关。

（8）本试验可以在 4～20℃ 之间任一恒温下进行，都是误差许可的范围。

（9）加水加塞称重时，应注意塞孔中不得存在有气泡，以免造成误差。

（10）比重瓶必须每年至少校正一次，并经常抽查。因为比重瓶的玻璃在不同的温度下会产生胀缩，而且水在不同温度下的密度也各不相同，因此比重瓶盛装液体至一定标记处的质量是随温度的变化而变化的。

### 复习思考题

1.土试样中的空气排除不掉，所得比重值偏大还是偏小？为什么？

2.在测定黏粒含量较多的土的比重时，用蒸馏水所测的结果偏大还是偏小？

3.土中含盐量、有机质含量的高低对比重值有哪些影响？

# 第二节　土体密度试验

## 一、定义

土在天然状态下，单位土体的质量称之为土的天然密度，亦称为天然湿密度。

对于黏性土天然密度值的测定，一般采用环刀法，因为其操作简便准确，所以被列为天然密度试验的标准方法。但是如果遇到含砾土以及不能用环刀切削的坚硬、易碎、形状不规则的土，则可使用灌砂法、蜡封法、灌水法等。在现场，砂土、砂砾石土可用灌砂法加以测定，对于饱和松散砂、淤泥、饱和软黏土，近年来采用放射性同位素法在现场测定其天然密度已基本成功，国外则应用 $\gamma$ 射线传导加以测定，其较先进。

## 二、目的

土的天然密度是土的基本物理性质指标之一，测定土的天然密度的目的是为了基本了解土体的内部结构及密实情况，用它可换算其他土的物理性质指标。另外，在勘测、设计和施工中亦常用到它，如计算地基的允许承载力、计算建筑物地基的沉降量、计算边坡的稳定性、计算挡土墙所受的土压力、检验作为建筑材料土的质量等。因此，无论室内试验或野外勘查及施工质量的控制均需要测定土的天然密度。

## 三、原理

其原理较简单，是先称出土体的质量，再测得其体积，进而求出单位体积质量。各种测试方法的不同均在于结合不同的实际情况测定土的体积的方法不同，下面分别介绍环刀法和灌砂法。

## (一)环刀法

### 1. 仪器设备

(1)环刀:内径 6～8cm,高 2～5.4cm,壁厚 1.5～2.2mm。

(2)天平:感量为 0.1g。

(3)卡尺:1/50mm。

(4)其他:切土刀、钢丝锯、凡士林等。

### 2. 试验步骤

(1)用卡尺测量环刀的内径及高,计算出环刀内部体积 $V$(cm³)。

(2)用天平称环刀的质量,得 $m_1$,精确至 0.1g。

(3)按工程需要取原状土或制备所需的扰动土,然后,将环刀的内壁涂上一层薄薄的凡士林。刃口向下放在整平的土样或需测定的土层上。

(4)手扶环刀轻轻下压,并用切土刀不断地切削环刀周围的多余土,边削边压,使土样削成略大于环刀直径的土柱。待土样全部压入环刀为止,削平上下两面的余土,使之与环刀口平齐。若两面的土有剥落现象,可用切下的碎土补上。

(5)擦净环刀外壁上的沾土,称土和环刀的质量为 $m_2$。精确至 0.1g。

(6)本试验须做两次平行试验,平行差值不得大于 0.03g/cm³。

### 3. 计算及记录

(1)根据以上试验数据土体密度可按式(3-3)计算:

$$\rho = \frac{m_2 - m_1}{V} \tag{3-3}$$

(2)记录表格格式如表 3-2 所示。

**土体密度试验记录**(环刀法) 表 3-2

工程名称 <u>201</u>      试验者 <u>×××</u>

土样说明 <u>原状土</u>      计算者 <u>×××</u>

试验日期 <u>2013.8.10</u>      校核者 <u>×××</u>

| 土样编号 | | | 1 | | 2 | |
|---|---|---|---|---|---|---|
| 环刀号 | | | 19 | 4 | 5 | 61 |
| 环刀容积(cm³) | ① | | 100 | 100 | 100 | 100 |
| 环刀质量(g) | ② | | | | | |
| 土+环刀质量(g) | ③ | | | | | |
| 土样质量(g) | ④ | ③-② | 178.7 | 181.1 | 205.2 | 206.3 |
| 密度(g/cm³) | ⑤ | ④/① | 1.79 | 1.81 | 2.05 | 2.06 |
| 含水率(%) | ⑥ | | | | 8.9 | 9.0 |
| 干密度(g/cm³) | ⑦ | ⑤/(1+0.01⑥) | | | 1.88 | 1.90 |
| 平均值(g/cm³) | ⑧ | | 湿:1.80 | | 干:1.89 | |

### 4. 注意事项

(1)用环刀切削试样时,应垂直下压,注意切勿压力过猛,勿扰动土的原状结构。对含水率较高的土,在刮平环刀两面时要细心,最好一次刮平,防止水分损失。

（2）环刀由于经常使用，会产生磨损，应根据情况加以校正，以保证试验的精度。

（3）环刀的尺寸选择：

在室内做密度试验，考虑到与剪切、固结等试验所用环刀相配合，规定室内环刀体积为 $60\sim150cm^3$。施工现场检查填土压实度时，由于每层土压实度上下不均匀，为提高试验结果的精度，可增大环刀体积，一般采用环刀体积为 $200\sim500cm^3$。

环刀高度与直径之比，对试验结果是有影响的。环刀高度过大时，土与环刀内壁的摩擦就越大，而且增大了取样的困难；如果高度过小，因为环刀的体积已经明确，直径过大的环刀会因两面不易刮平而增大误差。

环刀壁越厚，压入时土样扰动程度也越大，所以环刀壁越薄越好。但环刀压入土中时，须承担相当大的的压力，壁过薄，环刀容易破损和变形，因此建议壁厚一般为 $1.5\sim2mm$。

**（二）灌砂法**

首先应当指出，本试验适用于浅层细粒土，砂类土和砾类土，在不易用取土器或不能用环刀法取出原状土的情况下用其现场测定土的天然密度。试样的最大粒径不得超过 15mm，测定土层的厚度为 $150\sim200mm$。

1. 仪器设备

（1）灌砂筒：有金属和塑料圆筒两种。其内径为 100mm，总高 360mm。灌砂筒主要分两部分：上部为储砂筒，筒深 27mm（容积约 $2120cm^3$），筒底中心有一个直径 10mm 的圆孔；下部装一倒置的圆锥形漏斗，漏斗上端开口直径为 10mm，并焊接在一块直径 100mm 的铁板上，铁板中心有一直径 10mm 的圆孔与漏斗上开口相接，在储砂筒筒底与漏斗顶端铁板之间设有开关，打开开关，砂可通过圆孔自由落下，灌砂筒的形式和主要尺寸详见图 3-2。

（2）标定罐：内径 100mm、高 150mm 和 200mm 的各一个，上端周围有一罐缘见图 3-2。

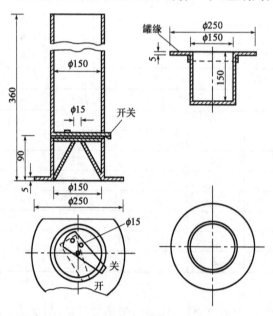

图 3-2　灌砂筒和标定罐（单位：mm）

（3）基板：一个边长 350mm、深 40mm 的金属方盘，盘中心有一直径 100mm 的圆孔。

（4）打洞及从洞中取样的工具：如凿子、铁锤、长把勺、长把小簸箕、毛刷等。

（5）玻璃板：边长约 500mm 的方形板。

（6）台秤：称量 10～15kg，感量 5g。

（7）量砂（标准砂）：粒径 0.25～0.5mm 的清洁干燥的均匀砂，约 20～40kg。

（8）其他：取土盘、铝盒、药用天平、直尺、滴管、烘箱等。

2. 仪器标定

（1）确定灌砂筒下部圆锥体内砂的质量：

①在储砂筒内装满砂，筒内砂高与筒顶的距离不超过 15mm。称筒内砂的质量 $m$，准确至 1g，每次标定及而后的试验都维持这个质量不变。

②将开关打开，让砂流出，并使流出砂的体积与工地所挖试坑的体积相当（或等于标定罐的容积），然后关上开关，并称量筒内砂的质量 $m_5$，准确至 1g。

③将灌砂筒放在玻璃板上，将开关再打开，让砂流出，直到筒内砂不再下流时，关上开关，并细心地取走灌砂筒。

④收集并称量留在玻璃板上的砂或称量筒内的砂，准确至 1g。玻璃板上的砂就是填满灌砂筒下部圆锥体的砂。

⑤重复上述试验，至少三次，最后取其平均值 $m_2$，准确至 1g。

（2）确定量砂（标准砂）的密度 $\rho_s$（g/cm$^3$）：

①将空罐放在台秤上，使罐的上口处在水平位置，读记罐质量 $m_7$，准确至 1g。

②向标定罐中注水。将一直尺放在罐顶，当罐中水面快要接近直尺时，用滴管往罐中加水，直到水面与直尺接触为止，移去直尺，读记罐和水的总质量 $m_8$。标定罐的体积按式（3-4）计算：

$$V = m_8 - m_7 \tag{3-4}$$

③在储砂筒中装入质量为 $m_1$ 的标准砂，并将灌砂筒放在标定罐上，打开开关，让砂流出。直到储砂筒内的砂不再下流时，关闭开关，取下灌砂筒，称筒内剩余砂的质量，准确至 1g。重复上述试验至少三次，最后取平均值 $m_3$，准确至 1g。

④按式（3-5）计算填满标定罐所需砂的质量 $m_a$：

$$m_a = m_1 - m_2 - m_3 \tag{3-5}$$

式中：$m_1$——灌砂入标定罐前，筒内砂的质量，g；

$\quad\quad m_2$——灌砂筒下部圆锥体内砂的平均质量，g；

$\quad\quad m_3$——灌砂入标定罐后，筒内剩余砂的质量，g。

⑤按式（3-6）计算量砂的密度 $\rho_s$（g/cm$^3$）：

$$\rho_s = \frac{m_a}{V} \tag{3-6}$$

式中：$V$——标定罐的体积，cm$^3$。

3. 试验步骤

（1）在试验地点，选一块约 40cm×40cm 的典型有代表性的平坦表面，并将其清扫干净。放上基板，然后将盛有量砂 $m_5$（g）的灌砂筒放在基板中间的圆孔上，打开开关，让砂流入基板的中孔内,直到储砂筒内的砂不再下流时,关闭开关,取下灌砂筒,并称筒内砂的质量 $m_6$(g),准确至 1g。

(2)取走基板,将留在试验点的量砂收回,重新将表面清扫干净。将基板放上,沿基板中孔凿洞。洞的直径为 100mm。在凿洞过程中,随时将凿松的材料取出,放在已知质量的塑料袋内,密封。试洞的深度应等于碾压层的厚度(或不少于 200mm),凿洞完毕,称此塑料袋中全部试样的质量,准确至 1g,再减去已知塑料袋的质量,即为试样的总质量 $m_t$(g)。

(3)从挖出的全部试样中取有代表性的样品,放入铝盒中,测定其含水率 $w$。

(4)将基板安放在试洞上,将灌砂筒安放在基板中间(储砂筒内放满砂至恒量 $m_1$),使灌砂筒的下口对准基板的中孔及试洞。打开灌砂筒开关,让砂流入试洞内。直到灌砂筒的砂不再下流时,关闭开关。仔细取走灌砂筒,称量筒内剩余砂的质量 $m_4$(g),准确至 1g。

4.计算及记录

(1)按式(3-7)计算填满试洞所需的质量 $m_b$(g):

$$m_b = m_1 - m_4 - (m_5 - m_6) \qquad (3-7)$$

式中:$m_1$——灌砂入试洞前筒内砂的质量,g;

$m_4$——灌砂入试洞后筒内剩余砂的质量,g;

$m_5 - m_6$——灌砂筒下部圆锥体内及基坑粗糙表面间砂的总质量,g。

(2)按式(3-8)计算试验地点土的天然密度 $\rho$(g/cm³):

$$\rho = \frac{m_t}{m_b} \times \rho_s \qquad (3-8)$$

式中:$m_t$——试洞中取出的全部土样的质量,g;

$m_b$——填满试洞所需砂的质量,g;

$\rho_s$——量砂的密度,g/cm³。

(3)按式(3-9)计算土的干密度 $\rho_d$(g/cm³):

$$\rho_d = \frac{\rho}{1 + 0.01w} \qquad (3-9)$$

(4)本试验的记录格式如表 3-3 所示。

试 验 记 录 表

表 3-3

工程名称_____　　土样说明 __砾类土__　　试验日期 __2013.10__

试　验　者 __×××__　　计　算　者_____　　校　核　者 __×××__

砂的密度 __1.28g/cm³__　　锥体砂质量_____ g

| 取样桩号 | 取样位置 | 试洞中湿土样质量 $m_t$(g) | 灌满试洞后剩余砂质量 $m_4$、$m_4'$ (g) | 试洞内砂质量 $m_b$(g) | 湿密度 $\rho$ (g/cm³) | 含水率的测定 | | | | | | | 干密度 $\rho_d$ (g/cm³) |
| | | | | | | 盒号 | 盒+湿土质量 (g) | 盒+干土质量 (g) | 盒质量 (g) | 干土质量 (g) | 水质量 (g) | 含水率 (%) | |
|---|---|---|---|---|---|---|---|---|---|---|---|---|---|
| | | 4031 | | 2233.6 | 2.31 | 1 | 1211 | 1108.4 | 195.4 | 913.0 | 102.6 | 11.2 | 2.08 |
| | | 2900 | | 1613.9 | 2.30 | 2 | 1125 | 1040.0 | 195.9 | 844.1 | 85.0 | 10.1 | 2.09 |

5.注意事项

(1)在测定细粒土时,可以采用 $\Phi$100 的小型灌砂筒。如果最大粒径超过 15mm 时,则应相应地增大灌筒和标定罐的尺寸,如粒径达 40～60mm 的粗粒土,灌砂筒和现场的试洞的尺寸应为 150～200mm。

(2)标准砂在制备完应先烘干,并放置足够时间,使其与空气的湿度达到一致。

(3)用水确定标定罐容积时,注意不要将水弄到台秤或罐的外壁上,以防出现误差。

(4)重复测量罐和水的质量时,仅需用吸管从罐中取出少量水,并用滴管重新将水加满即可。

(5)在凿洞过程中,应注意不使凿出的试样丢失,并密封。

(6)测定含水率的样品数量:对于细粒土应不少于 100g,对于粗粒土应不少于 500g。

(7)如清扫干净的平坦的表面上,粗糙度不大,则不需放基板,可按式(3-10)计算填满试洞所需量砂的质量:

$$m_b = m_1 - m_4 - m_2 \tag{3-10}$$

(8)如试洞中有较大孔隙,量砂可能进入孔隙时,则应按试洞外形、松弛地放入一层柔软的纱布,然后再进行灌砂工作。

(9)取出试洞内量砂,以备下次试验时再用。若量砂的湿度已发生变化或量砂中混合杂质,则应重新烘干,过筛,并放置一段时间,使其与空气的湿度达到平衡后再用。

(10)本试验原理是根据在相同条件下灌标准砂,使其密度保持一致,所以在操作中应使灌砂条件(如灌砂落距、速度等)与测定标准砂时一致,否则将引起误差。

### 复习思考题

1.环刀法、灌砂法各适用于什么土质条件? 简述各自的优缺点。

2.在环刀法中,影响试验准确性的因素有哪些?

## 第三节 土的天然含水率试验

### 一、定义

土的含水率 $w$ 是指土在 105～110℃下烘至恒重时所失去的水分质量与恒量后干土质量的比值,以百分数计。

### 二、原理

土中的水分为结晶水、结合水和自由水。结晶水是存在于矿物晶体内部或参与矿物构造的水。这部分水只有在高温(150～240℃,甚至 400℃)下才能从土颗粒矿物中析出,因此可以把它看作矿物本身的一部分。结合水是紧密附着在土颗粒表面的薄层水膜,它是依靠水化学静电引力(库仑力和范德华力)吸附在土粒表面,它对细粒土的工程性质有很大影响。结合水可划分为强结合水和弱结合水,自由水是存在于土颗粒孔隙中的水,它可分为毛细水和重力水。影响土的物理、力学性质的主要是弱结合水和自由水。因此,测定土的含水率时主要是测定这两部分的水的含量。试验表明,弱结合水和自由水在 105～110℃ 下就可从土体中析出,故本试验烘干温度定为 105～110℃。

长期以来,国内以烘干法为室内试验的标准方法。在工地如无烘干设备或要求快速测定时,可采用酒精或煤油燃烧法;对砂土可采用湿度密度计法;对砂性土采用比重法;对含砾较多的土采用炒干法。根据现有条件和工地施工的具体情况和要求,此处介绍烘干法、酒精燃烧法和比重法。

根据含水率的定义,只要测得天然土中的水质量和干土质量,即可得含水率。

### 三、目的

含水率是土的基本物理指标之一。它反映土的状态,它的变化将使土的一系列力学性质随之而异;它又是计算土的干密度、孔隙比、饱和度等各项指标的依据,是检测土工构筑物施工质量的重要指标。

### 四、烘干法

1. 适用范围

本试验方法适用于测定黏质土、粉质土、砂类土、砂砾石、有机质土和冻土土类的含水率。

2. 仪器设备

(1)烘箱:可采用电热烘箱或温度能保持 105～110℃ 的其他能源烘箱。

(2)天平:称量 200g,感量 0.01g。称量 1000g,感量 0.1g。

(3)其他:干燥器、称量盒[为简化计算手续,可将盒质量定期(3～6 个月)调整为恒质量值]等。

3. 试验步骤

(1)取具有代表性的试样,细粒土 15～30g,砂类土、有机土为 50g,放入称量盒内,立即盖好盒盖,称质量。称量时,可在天平一端放上与该称盒等质量的砝码,移动天平游码,平衡后称量结果即为湿土质量。

(2)揭开盒盖,将试样和盒放入烘箱内,在温度 105～110℃ 恒温下烘干。烘干时间对细粒土不得少于 8h,对砂类土不得少于 6h。对含有机质超过 5% 的土,应将温度控制在 65～70℃ 的恒温下烘干。

(3)将烘干后的试样和盒取出,放入干燥器内冷却(一般只需 0.5～1h 即可);冷却后盖好盒盖,称质量,准确至 0.01g。

4. 结果整理

(1)按式(3-11)计算含水率:

$$w = \frac{m - m_s}{m_s} \qquad (3\text{-}11)$$

式中:$w$——含水率,%,计算至 0.1;

$m$——湿土质量,g;

$m_s$——干土质量,g。

# 土 工 试 验 报 告

专业：＿＿＿＿＿＿＿＿＿＿＿＿

班级：＿＿＿＿＿＿＿＿＿＿＿＿

学号：＿＿＿＿＿＿＿＿＿＿＿＿

姓名：＿＿＿＿＿＿＿＿＿＿＿＿

# 目　　录

# 常见的主要造岩矿物的认识与鉴定

一、定义

矿物：

二、目的

三、实习的工具和用品

四、实习的主要步骤、内容

五、注意事项

六、记录

# 矿物标本鉴定记录表

鉴定者＿＿＿＿＿＿＿＿　　　　校核者＿＿＿＿＿＿＿＿　　　　日期＿＿＿＿＿＿＿＿

| 标本编号 | 形　状 | | 颜色 | 条痕 | 透明度 | 光泽 | 硬度 | 解理 | 断口 | 其他性质 | 矿物名称 | 标本说明 |
|---|---|---|---|---|---|---|---|---|---|---|---|---|
| | 个体 | 集合体 | | | | | | | | | | |
| | | | | | | | | | | | | |
| | | | | | | | | | | | | |
| | | | | | | | | | | | | |
| | | | | | | | | | | | | |
| | | | | | | | | | | | | |
| | | | | | | | | | | | | |
| | | | | | | | | | | | | |
| | | | | | | | | | | | | |
| | | | | | | | | | | | | |
| | | | | | | | | | | | | |
| | | | | | | | | | | | | |
| | | | | | | | | | | | | |
| | | | | | | | | | | | | |
| | | | | | | | | | | | | |
| | | | | | | | | | | | | |
| | | | | | | | | | | | | |
| | | | | | | | | | | | | |
| | | | | | | | | | | | | |
| | | | | | | | | | | | | |

试验二

# 岩浆岩的认识与鉴定

## 一、定义

岩石：

岩浆岩：

## 二、目的

## 三、实习的工具和用品

## 四、实习的主要步骤、内容

## 五、注意事项

## 六、记录

# 岩石标本鉴定记录表（岩浆岩）

鉴定者_____ 　　校核者_____ 　　日期_____

| 标本编号 | 颜 色 | 结 构 | 构 造 | 主要矿物成分 | 其 他 | 岩石名称 | 标本说明 |
|---|---|---|---|---|---|---|---|
| | | | | | | | |
| | | | | | | | |
| | | | | | | | |
| | | | | | | | |
| | | | | | | | |
| | | | | | | | |
| | | | | | | | |
| | | | | | | | |
| | | | | | | | |
| | | | | | | | |
| | | | | | | | |
| | | | | | | | |
| | | | | | | | |
| | | | | | | | |
| | | | | | | | |
| | | | | | | | |
| | | | | | | | |

试验三

# 沉积岩的认识与鉴定

## 一、定义

沉积岩：

## 二、目的

## 三、实习的工具和用品

## 四、实习的主要步骤、内容

## 五、注意事项

## 六、记录

# 岩石标本鉴定记录表（沉积岩）

鉴定者＿＿＿＿＿＿＿＿＿ 校核者＿＿＿＿＿＿＿＿＿ 日期＿＿＿＿＿＿＿＿＿

| 标本编号 | 颜 色 | 结 构 | 构 造 | 主要矿物成分 | 其 他 | 岩石名称 | 标本说明 |
|---|---|---|---|---|---|---|---|
| | | | | | | | |
| | | | | | | | |
| | | | | | | | |
| | | | | | | | |
| | | | | | | | |
| | | | | | | | |
| | | | | | | | |
| | | | | | | | |
| | | | | | | | |
| | | | | | | | |
| | | | | | | | |
| | | | | | | | |
| | | | | | | | |
| | | | | | | | |
| | | | | | | | |
| | | | | | | | |
| | | | | | | | |
| | | | | | | | |
| | | | | | | | |

试验四

# 变质岩的认识与鉴定

一、定义

变质岩：

二、目的

三、实习的工具和用品

四、实习的主要步骤、内容

五、注意事项

六、记录

# 岩石标本鉴定记录表（变质岩）

鉴定者＿＿＿＿＿＿＿＿ 校核者＿＿＿＿＿＿＿＿ 日期＿＿＿＿＿＿＿＿

| 标本编号 | 颜 色 | 结 构 | 构 造 | 主要矿物成分 | 其 他 | 岩石名称 | 标本说明 |
|---|---|---|---|---|---|---|---|
| | | | | | | | |
| | | | | | | | |
| | | | | | | | |
| | | | | | | | |
| | | | | | | | |
| | | | | | | | |
| | | | | | | | |
| | | | | | | | |
| | | | | | | | |
| | | | | | | | |
| | | | | | | | |
| | | | | | | | |
| | | | | | | | |
| | | | | | | | |
| | | | | | | | |
| | | | | | | | |
| | | | | | | | |
| | | | | | | | |

试验五

# 矿物和三大类岩石的综合认识与鉴定

一、目的

二、实习的工具和用品

三、实习的主要步骤、内容

四、注意事项

五、记录

# 岩矿标本综合鉴定记录表

鉴定者＿＿＿＿＿＿＿＿　　　　校核者＿＿＿＿＿＿＿＿＿　　　　日期＿＿＿＿＿＿＿＿

| 标本编号 | 颜　色 | 主　要　特　征 | 类　　别 | 标本名称 | 标本说明 |
|---|---|---|---|---|---|
| | | | | | |
| | | | | | |
| | | | | | |
| | | | | | |
| | | | | | |
| | | | | | |
| | | | | | |
| | | | | | |
| | | | | | |
| | | | | | |
| | | | | | |
| | | | | | |
| | | | | | |
| | | | | | |
| | | | | | |
| | | | | | |
| | | | | | |
| | | | | | |
| | | | | | |
| | | | | | |

试验六

# 土粒密度试验（比重）

## 一、定义

## 二、目的

## 三、试验原理

## 四、试验仪器及设备

## 五、试验步骤

## 六、注意事项

## 七、记录及计算

# 土粒密度试验（比重）

工程名称＿＿＿＿＿＿＿＿　　　　土样说明＿＿＿＿＿＿＿＿　　　　试验日期＿＿＿＿＿＿＿＿

试　验　者＿＿＿＿＿＿＿＿　　　　计　算　者＿＿＿＿＿＿＿＿　　　　校　核　者＿＿＿＿＿＿＿＿

| 试样编号 | 比重瓶号 | 温度（℃）① | 液体密度（g/cm³）② | 比重瓶质量（g）③ | 瓶＋干土质量（g）④ | 干土质量（g）⑤ | 瓶＋液体质量（g）⑥ | 瓶＋土＋液体质量（g）⑦ | 与干土同体积的液体质量(g)⑧ | 土粒密度（g/cm³）⑨ | 平均值（g/cm³） | 备注 |
|---|---|---|---|---|---|---|---|---|---|---|---|---|
| | | | 查表 | | | ④～③ | | | ⑤＋⑥－⑦ | $\frac{⑤}{⑧}×②$ | | |
| | | | | | | | | | | | | |
| | | | | | | | | | | | | |
| | | | | | | | | | | | | |
| | | | | | | | | | | | | |
| | | | | | | | | | | | | |
| | | | | | | | | | | | | |
| | | | | | | | | | | | | |
| | | | | | | | | | | | | |
| | | | | | | | | | | | | |
| | | | | | | | | | | | | |
| | | | | | | | | | | | | |
| | | | | | | | | | | | | |
| | | | | | | | | | | | | |
| | | | | | | | | | | | | |
| | | | | | | | | | | | | |
| | | | | | | | | | | | | |
| | | | | | | | | | | | | |
| | | | | | | | | | | | | |
| | | | | | | | | | | | | |
| | | | | | | | | | | | | |

# 土体密度试验（重度）

## A：环　刀　法

一、定义

二、目的

三、原理

四、试验仪器及设备

五、试验步骤

六、注意事项

七、记录及计算

# 土体密度试验记录（环刀法）　　表 A

工程名称＿＿＿＿＿＿＿＿　　　　　　　　试验者＿＿＿＿＿＿＿＿

土样说明＿＿＿＿＿＿＿＿　　　　　　　　计算者＿＿＿＿＿＿＿＿

试验日期＿＿＿＿＿＿＿＿　　　　　　　　校核者＿＿＿＿＿＿＿＿

| 土 样 编 号 | | | | | | |
|---|---|---|---|---|---|---|
| 环刀号 | | | | | | |
| 环刀容积(cm³) | ① | | | | | |
| 环刀质量(g) | ② | | | | | |
| 土＋环刀质量(g) | ③ | | | | | |
| 土样质量(g) | ④ | ③－② | | | | |
| 密度(g/cm³) | ⑤ | ④/① | | | | |
| 含水率(%) | ⑥ | | | | | |
| 干密度(g/cm³) | ⑦ | $\dfrac{⑤}{1+0.01⑥}$ | | | | |
| 平均值(g/cm³) | ⑧ | | | | | |

## B:灌　砂　法

一、定义

二、目的

三、原理

四、试验仪器及设备

五、试验步骤

六、注意事项

七、记录及计算

# 灌砂法试验记录　　　　　表 B

工程名称＿＿＿＿＿＿＿＿　　　土样说明＿＿＿＿＿＿＿＿　　　试验日期＿＿＿＿＿＿＿＿

试　验　者＿＿＿＿＿＿＿＿　　　计　算　者＿＿＿＿＿＿＿＿　　　校　核　者＿＿＿＿＿＿＿＿

砂的密度＿＿＿＿＿＿＿＿　　　锥体砂质量＿＿＿＿＿＿＿＿

| 取样桩号 | 取样位置 | 试洞中湿土样质量 $m_t$ (g) | 灌满试洞后剩余砂质量 $m_4 (m'_4)$ (g) | 试洞内砂质量 $m_b$ (g) | 湿密度 $\rho$ (g/cm²) | 含水率测定 | | | | | | | 干密度 (g/cm³) |
|---|---|---|---|---|---|---|---|---|---|---|---|---|---|
| | | | | | | 盒号 | 盒＋湿土质量 (g) | 盒＋干土质量 (g) | 盒质量 (g) | 干土质量 (g) | 水质量 (％) | 含水率 (％) | |
| | | | | | | | | | | | | | |
| | | | | | | | | | | | | | |
| | | | | | | | | | | | | | |
| | | | | | | | | | | | | | |
| | | | | | | | | | | | | | |
| | | | | | | | | | | | | | |
| | | | | | | | | | | | | | |
| | | | | | | | | | | | | | |
| | | | | | | | | | | | | | |
| | | | | | | | | | | | | | |
| | | | | | | | | | | | | | |
| | | | | | | | | | | | | | |
| | | | | | | | | | | | | | |
| | | | | | | | | | | | | | |
| | | | | | | | | | | | | | |
| | | | | | | | | | | | | | |
| | | | | | | | | | | | | | |

试验八

# 土的含水率试验

一、定义

二、目的

三、原理

四、试验仪器及设备

五、试验步骤

六、注意事项

七、记录及计算

# 含水率试验记录（烘干法、酒精燃烧法）

工程名称＿＿＿＿＿＿＿＿＿　　　　　　　　　　试验者＿＿＿＿＿＿＿＿＿

土样说明＿＿＿＿＿＿＿＿＿　　　　　　　　　　计算者＿＿＿＿＿＿＿＿＿

试验日期＿＿＿＿＿＿＿＿＿　　　　　　　　　　校核者＿＿＿＿＿＿＿＿＿

| 试　验　次　数 | | | | | |
|---|---|---|---|---|---|
| 铝盒号 | | | | | |
| 盒质量(g) | ① | | | | |
| 盒＋湿土质量(g) | ② | | | | |
| 盒＋干土质量(g) | ③ | | | | |
| 水质量(g) | ④ | ②－③ | | | |
| 干土质量(g) | ⑤ | ③－① | | | |
| 含水率(%) | ⑥ | ④/⑤×100 | | | |
| 平均值(%) | ⑦ | | | | |
| 备注 | | | | | |

试验九

# 砂的相对密度试验

一、定义

二、目的

三、原理

四、试验仪器及设备

五、试验步骤

六、注意事项

七、记录及计算

# 相对密度试验记录

工程名称_____　　　　　　　　试验者_____

土样说明_____　　　　　　　　计算者_____

试验日期_____　　　　　　　　校核者_____

| 试 验 类 别 | | | 最大孔隙比 | | 最水孔隙比 | | 备　　注 |
|---|---|---|---|---|---|---|---|
| 试验方法 | | | 漏斗法 | | 振打法 | | |
| 试样＋容器质量(g) | ① | | | | | | |
| 容器质量(g) | ② | | | | | | |
| 试样质量(g) | ③ | ①－② | | | | | |
| 试样体积(cm³) | ④ | | | | | | |
| 干密度(g/cm³) | ⑤ | ③/④ | | | | | |
| 平均干密度(g/cm³) | ⑥ | | | | | | |
| 土粒密度 $G$ | ⑦ | | | | | | |
| 孔隙比 $e$ | ⑧ | | | | | | |
| 天然干密度(g/cm³) | ⑨ | | | | | | |
| 天然孔隙比 $e_0$ | ⑩ | | | | | | |
| 相对密度 $D_r$ | ⑪ | | | | | | |

试验十

# 土的颗粒分析试验（筛分法）

## 一、定义

粒度：

粒组：

粒度成分：

## 二、目的

## 三、原理

## 四、试验仪器及设备

## 五、试验步骤

## 六、注意事项

## 七、记录及计算（必要时自己准备单对数坐标纸一张，绘制级配曲线）

# 土颗粒分析试验记录（筛分法）

工程名称＿＿＿＿＿＿＿＿＿＿＿＿＿＿     试验者＿＿＿＿＿＿＿＿＿＿＿＿＿＿

土样编号＿＿＿＿＿＿＿＿＿＿＿＿＿＿     计算者＿＿＿＿＿＿＿＿＿＿＿＿＿＿

试验日期＿＿＿＿＿＿＿＿＿＿＿＿＿＿     校核者＿＿＿＿＿＿＿＿＿＿＿＿＿＿

| 筛前试样总＝＿＿＿＿＿ g | | | | 小于 2mm 土质量＝＿＿＿＿＿ g | | | | |
|---|---|---|---|---|---|---|---|---|
| 小于 2mm 占总质量的百分数＝＿＿＿＿＿％ | | | | 小于 2mm 取试样＝＿＿＿＿＿ g | | | | |
| 粗筛分析 | | | | 细筛分析 | | | | |
| 孔径 (mm) | 留筛土质量 (g) | 小于该孔径土质量 (g) | 小于该孔径百分数 (%) | 孔径 (mm) | 留筛土质量 (g) | 小于该孔径土质量 (g) | 小于该孔径百分数 (%) | 占总土质量百分数 (%) |
| | | | | 2 | | | | |
| 40 | | | | 1 | | | | |
| 20 | | | | | | | | |
| 10 | | | | 0.5 | | | | |
| 5 | | | | 0.25 | | | | |
| 2 | | | | | | | | |
| 底 | | | | 0.1 | | | | |

试验十一

# 土的颗粒分析试验（比重计法）

## 一、定义

粒度：

粒组：

粒度成分：

## 二、目的

## 三、原理

## 四、试验仪器及设备

## 五、试验步骤

## 六、注意事项

## 七、记录及计算（若与筛分法联合，累积曲线可点在筛分法之上）

# 土颗粒分析试验记录（乙种比重计）

工程名称＿＿＿＿＿＿＿＿　　　土样编号＿＿＿＿＿＿＿＿　　　土样说明＿＿＿＿＿＿＿＿

试 验 者＿＿＿＿＿＿＿＿　　　计 算 者＿＿＿＿＿＿＿＿　　　校 核 者＿＿＿＿＿＿＿＿

日　　期＿＿＿＿＿＿＿＿

| 小于0.1mm 颗粒百分数＝＿＿＿＿％ | 干土质量 $m_s$＝＿＿＿＿g | 比重计号＿＿＿＿ | 量筒号＿＿＿＿ |
|---|---|---|---|
| 量筒面积 $F$＝＿＿＿＿＿＿＿ cm² | 土粒密度 $G_s$＝＿＿＿＿ | 比重校正系数 $C$＝＿＿＿＿ | 试样处理＿＿＿＿ |

| 试验时间 | 下沉时间 $t$（min） | 悬液温度 $T$（℃） | 比重计读数 $R$ | 弯液面校正值 | 经弯液面校正后读数 | 沉降距离 | 有效沉降距离 | 土粒直径 $d$（mm） | 温度校正值 | 分散剂校正值 | 经温度分散剂校正后的读数 | 经刻度校正后读数 | 小于某粒径土质量百分数（％） | 小于某粒径占总土质量百分数（％） |
|---|---|---|---|---|---|---|---|---|---|---|---|---|---|---|
| | | | | | | | | | | | | | | |
| | | | | | | | | | | | | | | |
| | | | | | | | | | | | | | | |
| | | | | | | | | | | | | | | |
| | | | | | | | | | | | | | | |
| | | | | | | | | | | | | | | |
| | | | | | | | | | | | | | | |
| | | | | | | | | | | | | | | |
| | | | | | | | | | | | | | | |
| | | | | | | | | | | | | | | |
| | | | | | | | | | | | | | | |
| | | | | | | | | | | | | | | |
| | | | | | | | | | | | | | | |
| | | | | | | | | | | | | | | |
| | | | | | | | | | | | | | | |

试验十二

# 黏性土的界限含水率（液、塑限试验）

一、定义

塑限：

液限：

二、目的

三、原理

四、试验仪器及设备

五、试验步骤

六、注意事项

七、记录及计算

# 液、塑限联合测定试验记录 表 A

工程编号＿＿＿＿＿＿＿＿＿＿ 试验者＿＿＿＿＿＿＿＿＿＿

土样编号＿＿＿＿＿＿＿＿＿＿ 计算者＿＿＿＿＿＿＿＿＿＿

土样说明＿＿＿＿＿＿＿＿＿＿ 校核者＿＿＿＿＿＿＿＿＿＿

仪器编号＿＿＿＿＿＿＿＿＿＿ 日　期＿＿＿＿＿＿＿＿＿＿

| | 试　验　次　数 | | | 1 | 2 | 3 | 4 |
|---|---|---|---|---|---|---|---|
| 入土深度 | 第一次 $h_1$(mm) | ① | | | | | |
| | 第二次 $h_2$(mm) | ② | | | | | |
| | 平均值 $h$(mm) | ③ | $\dfrac{①+②}{2}$ | | | | |
| 含水率 | 盒号 | ④ | | | | | |
| | 盒质量(g) | ⑤ | | | | | |
| | 盒＋湿土质量(g) | ⑥ | | | | | |
| | 盒＋干土质量(g) | ⑦ | | | | | |
| | 水分质量(g) | ⑧ | ⑥－⑦ | | | | |
| | 干土质量(g) | ⑨ | ⑦－⑤ | | | | |
| | 含水率(%) | ⑩ | $\dfrac{⑧}{⑨}\times100$ | | | | |
| | 平均值(%) | ⑪ | | | | | |

液限 $w_L$＝　　　　　　　塑限 $w_P$＝　　　　　　　$I_P$＝

26

# 液、塑限试验记录（平衡锥法、搓条法）　　表 B

工程编号＿＿＿＿＿＿＿＿＿＿＿　　　　　　　　　试验者＿＿＿＿＿＿＿＿＿＿

土样编号＿＿＿＿＿＿＿＿＿＿＿　　　　　　　　　计算者＿＿＿＿＿＿＿＿＿＿

土样说明＿＿＿＿＿＿＿＿＿＿＿　　　　　　　　　校核者＿＿＿＿＿＿＿＿＿＿

试验日期＿＿＿＿＿＿＿＿＿＿＿

| 试 验 次 数 | | 盒号 | 盒质量 （g） | 盒＋湿土 质量 （g） | 盒＋湿土 质量 （g） | 干土质量 （g） | 水分质量 （g） | 液塑限值 （％） | 平均值 | 塑性指数 $I_p$ | 备注 |
|---|---|---|---|---|---|---|---|---|---|---|---|
| 液限 | 1 | | | | | | | | | | |
| | 2 | | | | | | | | | | |
| | 3 | | | | | | | | | | |
| 塑限 | 1 | | | | | | | | | | |
| | 2 | | | | | | | | | | |
| | 3 | | | | | | | | | | |

试验十三

# 土的渗透试验

## 一、定义

渗透：

渗透系数 $K$：

## 二、目的

## 三、原理

## 四、试验仪器及设备

## 五、试验步骤

## 六、注意事项

## 七、记录及计算

## 常水头渗透试验记录（70 型）　　表 A

工程名称＿＿＿＿＿　测压孔间距 $L=$＿＿＿＿＿　干土质量 $m_s=$＿＿＿＿＿　试验者＿＿＿＿＿

土样编号＿＿＿＿＿　试样高度 $H=$＿＿＿＿＿　土粒密度 $G_s=$＿＿＿＿＿　计算者＿＿＿＿＿

土样说明＿＿＿＿＿　试样面积 $F=$＿＿＿＿＿　孔隙比 $e=$＿＿＿＿＿　日　期＿＿＿＿＿

仪器编号＿＿＿＿＿

| 试验次数 | 经过时间(s) | 测压管水位 | | | 水位差 | | | 水力坡降 | 渗透水量 (cm³) | 渗透系数 (cm/s) | 平均水温 (℃) | 校正系数 | 水温20℃渗透系数 (cm/s) | 平均渗透系数 (cm/s) |
|---|---|---|---|---|---|---|---|---|---|---|---|---|---|---|
| | | I管 (cm) | II管 (cm) | III管 (cm) | $h_1$ (cm) | $h_2$ (cm) | 平均 (cm) | | | | | | | |
| | ① | ② | ③ | ④ | ⑤ | ⑥ | ⑦ | ⑧ | ⑨ | ⑩ | ⑪ | ⑫ | ⑬ | ⑭ |
| | | | | | ②－③ | ③－④ | $\dfrac{⑤＋⑥}{2}$ | $\dfrac{⑦}{10}$ | | $\dfrac{⑨}{F×⑧×①}$ | | $\dfrac{\eta_t}{\eta_{20}}$ | ⑩×⑫ | |
| | | | | | | | | | | | | | | |

# 变水头负压式渗透试验记录（南 55 型）　　表 B

工程名称 _____　　　　试样面积 $F=$ _____　　　　试验者 _____

土样编号 _____　　　　试样高度 $H_1=$ _____　　　　计算者 _____

土样说明 _____　　　　土粒密度 $G_s=$ _____　　　　校核者 _____

仪器编号 _____　　　　孔隙比 $e=$ _____　　　　日期 _____

| 历时 $T$ 开始时间 日时分 | 历时 $T$ 终了时间 日时分 | 历时 $T$ 历时(s) | 开始水头 $h_1$ (cm) | 终了水头 $h_2$ (cm) | 负压水头 (或 13.6N) (cm) | 渗透水量 $Q$ (cm³) | 水力坡度 $J$ | 平均水温 $t$ (℃) | 水温 $t$℃时渗透系数 $K_t$ ($10^{-7}$ cm/s) | 校正系数 $\eta_{t20}$ | 水温 20℃时渗透系数 $K_{20}$ ($10^{-7}$ cm/s) | 平均渗透系数 $K_{20}$ |
|---|---|---|---|---|---|---|---|---|---|---|---|---|
| ① | ② | ③ | ④ | ⑤ | ⑥ | ⑦ | ⑧ | ⑨ | ⑩ | ⑪ | ⑫ | ⑬ |
|  |  | ②-① |  |  |  |  | $\dfrac{\frac{h_1+h_2}{2}+⑥}{h_i}$ |  | $\dfrac{⑦}{F×⑧×③}$ |  | ⑩×⑪ |  |
|  |  |  |  |  |  |  |  |  |  |  |  |  |
|  |  |  |  |  |  |  |  |  |  |  |  |  |

试验十四

# 土的毛细管水上升高度试验

一、定义

二、目的

三、原理

四、试验仪器及设备

五、试验步骤

六、注意事项

七、记录及计算

# 毛细管水上升高度试验记录（直接观察法）

工程编号 _____　　　　　　仪器编号 _____　　　　　　试验者 _____

土样编号 _____　　　　　　　　　　　　　　　　　　　　计算者 _____

土样说明 _____　　　　　　试验日期 _____　　　　　　校核者 _____

| 读数时间 | | | | | | | | | | | | | | | | | | | | | | | | 备注 |
|---|---|---|---|---|---|---|---|---|---|---|---|---|---|---|---|---|---|---|---|---|---|---|---|---|
| 日 | 时 | 分 | 日 | 时 | 分 | 日 | 时 | 分 | 日 | 时 | 分 | 日 | 时 | 分 | 日 | 时 | 分 | 日 | 时 | 分 | 日 | 时 | 分 | |
| 毛细管水上升高度<br>（cm） | | | | | | | | | | | | | | | | | | | | | | | | |
| 含水率<br>（%） | | | | | | | | | | | | | | | | | | | | | | | | |

试验十五

# 土的击实试验

## 一、定义

最大干密度：

最佳含水率：

## 二、目的

## 三、原理

## 四、试验仪器及设备

## 五、试验步骤

## 六、注意事项

## 七、记录及计算

# 击实试验记录

工程名称＿＿＿＿＿＿＿＿＿＿＿　　　　　　　试验者＿＿＿＿＿＿＿＿＿＿

土样说明＿＿＿＿＿＿＿＿＿＿＿　　　　　　　计算着＿＿＿＿＿＿＿＿＿＿

试验日期＿＿＿＿＿＿＿＿＿＿＿　　　　　　　校核者＿＿＿＿＿＿＿＿＿＿

| 试样名称＿＿＿＿＿ | 试验仪器＿＿＿＿ | 风干含水率＿＿＿＿ | 超尺寸颗粒＿＿＿＿ |
|---|---|---|---|

| 击锤重＿＿＿＿＿ | 落　距＿＿＿＿＿ | 层　　数＿＿＿＿ | 每层击数＿＿＿＿ |
|---|---|---|---|

| | 试验次数 | 1 | 2 | 3 | 4 | 5 |
|---|---|---|---|---|---|---|
| 干密度 | 湿土＋筒质量(g) | | | | | |
| | 筒质量(g) | | | | | |
| | 湿土质量(g) | | | | | |
| | 湿土密度(g/cm³) | | | | | |
| | 干密度(g/cm³) | | | | | |
| 含水率 | 铝盒号 | | | | | |
| | 盒＋湿土质量(g) | | | | | |
| | 盒＋干土质量(g) | | | | | |
| | 盒质量(g) | | | | | |
| | 水质量(g) | | | | | |
| | 干土质量(g) | | | | | |
| | 含水率(g) | | | | | |
| | 平均含水率(g) | | | | | |
| 击实曲线 | 干密度(g/cm³) | | | | 最大干密度(g/cm³) | |
| | | | | | 最佳含水率(%) | |
| | | | | | 备注 | |
| | | 含水率(%) | | | | |

试验十六

# 土的压缩试验

## 一、定义

压缩系数 $a$：

压缩模量 $E$：

压缩指数：

## 二、目的

## 三、原理

## 四、试验仪器及设备

## 五、试验步骤

## 六、注意事项

## 七、记录及计算

# 固结试验记录（一）　　表 A

工程编号＿＿＿＿＿＿＿＿＿　　　　　试 验 者＿＿＿＿＿＿＿＿＿

土样编号＿＿＿＿＿＿＿＿＿　　　　　计 算 者＿＿＿＿＿＿＿＿＿

取土深度＿＿＿＿＿＿＿＿＿　　　　　校 核 者＿＿＿＿＿＿＿＿＿

土样说明＿＿＿＿＿＿＿＿＿　　　　　试验日期＿＿＿＿＿＿＿＿＿

| 含水试验 | | | | | | | |
|---|---|---|---|---|---|---|---|
| 试样情况 | 盒号 | 盒＋湿土质量（g） | 盒＋干土质量（g） | 盒质量（g） | 水质量（g） | 干土质量（g） | 含水率（％） |
| | | ① | ② | ③ | ④ | ⑤ | ⑥ |
| | | | | | ①－② | ②－③ | $\frac{④}{⑤}×100$ |
| 试验前 | 饱和前 | | | | | | |
| | 饱和后（或饱和土） | | | | | | |
| 试验后 | | | | | | | |

| 密度试验 | | | | | | |
|---|---|---|---|---|---|---|
| 试样情况 | | 环刀＋土质量（g） | 环刀质量（g） | 土质量（g） | 试样体积（cm³） | 密度（g/cm³） |
| | | ① | ② | ③ | ④ | ⑤ |
| | | | | ①－② | | ③/④ |
| 试验前 | 饱和前 | | | | | |
| | 饱和后（或饱和土） | | | | | |
| 试验后 | | | | | | |

| 孔隙比及饱和度计算 $G_s＝$ | | |
|---|---|---|
| 试样情况 | 试验前 | 试验后 |
| 含水率(％)<br>密度(g/cm³)<br>孔隙比<br>饱和度 | | |

# 固结试验记录（二）　　　表 B

工程编号＿＿＿＿＿＿＿＿＿＿　　　　试 验 者＿＿＿＿＿＿＿＿＿

土样编号＿＿＿＿＿＿＿＿＿＿　　　　试验日期＿＿＿＿＿＿＿＿＿

仪器编号＿＿＿＿＿＿＿＿＿＿　　　　土样说明＿＿＿＿＿＿＿＿＿

| 经过时间 (min) | 压　　力(kPa) | | | | | | | |
|---|---|---|---|---|---|---|---|---|
| | 50 | | 100 | | 200 | | 300(400) | |
| | 时间 | 读数 | 时间 | 读数 | 时间 | 读数 | 时间 | 读数 |
| 0 | | | | | | | | |
| 0.25 | | | | | | | | |
| 1 | | | | | | | | |
| 2.25 | | | | | | | | |
| 4 | | | | | | | | |
| 6.25 | | | | | | | | |
| 9 | | | | | | | | |
| 12.25 | | | | | | | | |
| 16 | | | | | | | | |
| 20.25 | | | | | | | | |
| 25 | | | | | | | | |
| 30.25 | | | | | | | | |
| 36 | | | | | | | | |
| 42.25 | | | | | | | | |
| 60 | | | | | | | | |
| 23 h | | | | | | | | |
| 24 h | | | | | | | | |
| 总变形量(mm) | | | | | | | | |
| 仪器变形量(mm) | | | | | | | | |
| 试样总变形量(mm) | | | | | | | | |

## 固结试验记录（三） 表 C

工程编号 _____ 土样编号 _____  
试 验 者 _____ 计 算 者 _____ 试验日期 _____  
试验原始高度 $h_0 =$ _____ 校 核 者 _____  
试验前孔隙比 $e_0 =$ _____

$$C_v = \frac{0.848\,\bar{h}^2}{t_{90}} \qquad C_v = \frac{0.197\,\bar{h}^2}{t_{50}} \qquad C_v = \frac{0.380\,\bar{h}^2}{t_{68}}$$

| 加荷时间 $h$ | 压力 (kPa) | 试样总变形量 (mm) $\sum \Delta h_i$ $\Delta$ | 压缩后试样高度 (mm) $h = h_0 - \sum \Delta h_i$ | 单位沉降量 (mm/m) $s_i = \dfrac{\sum \Delta h_i}{h_0} \times 100$ | 孔隙比 $e_i = e_0 - \dfrac{s_i(1+e_0)}{1000}$ | 平均试样高度 (mm) $\bar{h} = \dfrac{h_i + h_{i+1}}{2}$ | 单位沉降量差 (mm/m) $s_{i+1} - s_i$ | 压缩模量 (MPa) $E_B$ | 压缩系数 (MPa$^{-1}$) $a$ | 排水距离 (cm) $h' = \dfrac{h_i + h}{4}$ | 固结系数 (×10$^{-3}$ cm²/s) $C_v$ |
|---|---|---|---|---|---|---|---|---|---|---|---|
| | | | | | | | | | | | |
| | | | | | | | | | | | |
| | | | | | | | | | | | |
| | | | | | | | | | | | |
| | | | | | | | | | | | |
| | | | | | | | | | | | |
| | | | | | | | | | | | |

试验十七

# 土的抗剪强度试验（直剪）

一、定义

二、目的

三、原理

四、试验仪器及设备

五、试验步骤

六、注意事项

七、记录、计算及绘图

# 直接剪切试验记录（一）

表 A

工 程 编 号 _____
土料比重 $G_s$ _____

土样编号 _____
试 验 者 _____

试验日期 _____
校 核 者 _____

| 试样编号 | | 1 | | | 2 | | | 3 | | | 4 | | | 5 | | |
|---|---|---|---|---|---|---|---|---|---|---|---|---|---|---|---|---|
| | | 起始 | 饱和后 | 剪后 | 起始 | 饱和后 | 剪后 | 起始 | 饱和后 | 剪后 | 起始 | 饱和后 | 剪后 | 起始 | 饱和后 | 剪后 |
| 湿密度 $\rho(\text{g/cm}^3)$ | ① | | | | | | | | | | | | | | | |
| 含水量 $w(\%)$ | ② | | | | | | | | | | | | | | | |
| 干密度 $\rho_d(\text{g/cm}^3)$ | ③ | $\dfrac{①}{1+\dfrac{②}{100}}$ | | | | | | | | | | | | | | |
| 孔隙比 $e$ | ④ | $\dfrac{10G_s}{③}-1$ | | | | | | | | | | | | | | |
| 饱和度 $S_r(\%)$ | ⑤ | $\dfrac{G_s\times②}{④}$ | | | | | | | | | | | | | | |
| 试样描述 | | | | | | | | | | | | | | | | |

# 直接剪切试验记录（二）　　表 B

工程编号＿＿＿＿＿　土样编号＿＿＿＿＿　　剪切前固结时间＿＿＿＿＿　试验日期＿＿＿＿＿

试验方法＿＿＿＿＿　试　验　者＿＿＿＿＿　　剪切前压缩量＿＿＿＿＿　校核者＿＿＿＿＿

仪器编号＿＿＿＿＿　手轮转速＿＿＿＿＿　　剪切历时＿＿＿＿＿

垂直压力＿＿＿＿＿　测力计校正系数 C ＝＿＿＿＿＿　抗剪强度＿＿＿＿＿

| 手轮转数 | 测力计百分表读数（0.01mm） | 剪切位移（mm） | 剪应力（kPa） | 垂直位移（×0.01mm） | 手轮转数 | 测力计百分表读数（0.01mm） | 剪切位移（mm） | 剪应力（kPa） | 垂直位移（×0.01mm） |
|---|---|---|---|---|---|---|---|---|---|
| ① | ② | ③＝①×20－② | ④＝②×C | | ① | ② | ③＝①×20－② | ④＝②×C | |
| | | | | | | | | | |

# 土的抗剪强度试验（三轴）

一、定义

二、目的

三、原理

四、试验仪器及设备

五、试验步骤

六、注意事项

七、记录、计算及绘图

# 三轴压缩试验记录（一）

工程编号_____　　　土样编号_____　　　土样说明_____

试验方法_____　　　试　验　者_____　　　试验日期_____

| 试样状态记录 | | | | 周围压力(kPa) | |
|---|---|---|---|---|---|
| | 起始 | 固结后 | 剪切后 | 反压力 $u_0$(kPa) | |
| 直径 $D$(cm) | | | | 周围压力下孔隙水压力 $\mu$ | |
| 高度 $h_L$(cm) | | | | 孔隙水压力系数 $B = \dfrac{\mu}{\sigma_3}$ | |
| 面积 $A$(cm²) | | | | | |
| 体积 $V$(cm³) | | | | 破损应变 $\varepsilon_f$(%) | |
| 质量 $m$(g) | | | | 破损主应力差 $(\sigma_{1f} - \sigma_{3f})$(kPa) | |
| 密度 $\rho$(g/cm³) | | | | 破损大主应力 $\sigma_{1f}$(kPa) | |
| 干密度 $\rho_d$(g/cm³) | | | | 破损小主应力 $\sigma_{3f}$(kPa) | |
| 试样含水率记录 | | | | 破损孔隙水压力系数 $\overline{B}_f = \dfrac{\overline{\mu}_f}{\sigma_{1f}}$ | |
| | | 起始 | 剪切后 | 相应的有效大主应力 $\sigma'_1$(kPa) | |
| | | | | 相应的有效小主应力 $\sigma'_3$(kPa) | |
| 盒号 | | | | | |
| 盒质量(g) | | | | 最大有效主应力比 $\left(\dfrac{\sigma'_1}{\sigma'_3}\right)_{max}$ 破坏点选值准则 $\left(\dfrac{\sigma'_1}{\sigma'_3}\right)_{max}$ | |
| 盒+湿土质量(g) | | | | | |
| 湿土质量(g) | | | | | |
| 盒+干土质量(g) | | | | | |
| 干土质量(g) | | | | 孔隙水压力系数 $A_f = \dfrac{\mu_f}{B(\sigma_{1f} - \sigma_{3f})}$ | |
| 水质量(g) | | | | | |
| 饱和度 $S_r$ | | | | 试样破坏情况描述　呈鼓状破坏 | |

# 三轴压缩试验记录（二）

表 B

试 验 者 ___　　　　校 核 者 ___
计 算 者 ___　　　　试 验 日 期 ___

土 样 编 号 ___
固结周围压力 ___

加反压力过程

| 时间<br>(min) | 周围压力<br>$\sigma_3$<br>(kPa) | 反压力<br>$\mu_u$<br>(kPa) | 孔隙水压力<br>$\mu$<br>(kPa) | 孔隙水压力增量 $\Delta\mu$<br>(kPa) | 试验体积变化 | | 说　明 |
|---|---|---|---|---|---|---|---|
| | | | | | 读数<br>(cm³) | 体变量<br>(cm³) | |
| | | | | | | | |
| | | | | | | | |
| | | | | | | | |

固结过程

| 时间<br>(min) | 排水量管 | | 孔隙水压力 | | 体积变化管 | |
|---|---|---|---|---|---|---|
| | 读数<br>(cm³) | 排水量<br>(cm³) | 读数<br>(kPa) | 压力值<br>(kPa) | 读数<br>(cm³) | 体变量<br>(cm³) |
| | | | | | | |
| | | | | | | |
| | | | | | | |

# 三轴压缩试验记录（三）　　表 C

土样编号　　　　　　　试验方法　　　　　　　周围压力　　　　　　　试　验　者
计 算 者　　　　　　　校 核 者　　　　　　　试验日期　　　　　　　固结下沉量
测力计校正系数 $C=$　　　　　　　　剪 切 速 率 $c=$
固结后高度 $h_c=$　　　　　　　　固结后面积 $A=$

| 轴向变形读数 $(\times 0.01\text{mm})$ | 轴向应变 $\varepsilon_1 = \dfrac{\Delta l_i}{h_c}$ $(\%)$ | 试样校正后面积 $A_a = \dfrac{A_c}{1-\varepsilon_1}$ $(\text{cm}^2)$ | 测力计百分表读数 $R$ $(\times 0.01\text{mm})$ | 主应力差 $(\sigma_1-\sigma_3)=\dfrac{RC}{A_a}\times 100$ $(\text{kPa})$ | 大主应力 $\sigma_1=(\sigma_1-\sigma_3)+\sigma_3$ $(\text{kPa})$ | 孔隙水压力 读数 $(\text{kPa})$ | 孔隙水压力 压力值 $(\text{kPa})$ | 有效大主应力 $\sigma_1'$ $(\text{kPa})$ | 有效小主应力 $\sigma_3'$ $(\text{kPa})$ | 有效主应力比 $\dfrac{\sigma_1'}{\sigma_3'}$ |
|---|---|---|---|---|---|---|---|---|---|---|
| | | | | | | | | | | |

试验十九

# 土的承载比(CBR)试验

## 一、定义

## 二、目的

## 三、原理

## 四、试验仪器及设备

## 五、试验步骤

## 六、注意事项

## 七、记录及计算

# 贯 入 试 验 记 录　　　　　　表 A

土 样 编 号＿＿＿＿＿＿＿＿＿　　　　　　　试 验 者＿＿＿＿＿＿＿＿＿

最大干密度＿＿＿＿＿＿＿＿＿　　　　　　　计 算 者＿＿＿＿＿＿＿＿＿

最佳含水率＿＿＿＿＿＿＿＿＿　　　　　　　校 核 者＿＿＿＿＿＿＿＿＿

每 层 击 数＿＿＿＿＿＿＿＿＿　　　　　　　试 验 日 期＿＿＿＿＿＿＿＿

试 件 编 号＿＿＿＿＿＿＿＿＿

量力环校正系数 $C=$＿＿＿＿ kN/0.01mm　　　　贯入杆面积 $A=$＿＿＿＿ mm²

$$P = \frac{C \times R}{A}$$

$l=2.5$mm 时，$\rho=$＿＿＿＿ kPa　　　　$CBR = \frac{p}{7000} \times 100 =$

$l=5.0$mm 时，$\rho=$＿＿＿＿ kPa　　　　$CBR = \frac{p}{10500} \times 100 =$

| 荷载测力计百分表 | | 单位压力 | 贯入量百分表读数 | | | | 平均值 | 贯入量 |
| --- | --- | --- | --- | --- | --- | --- | --- | --- |
| 读数 | 变形值 | | 左表 | | 右表 | | | |
| | | | 读数 | 位移值 | 读数 | 位移值 | | |
| $R'_i$<br>(0.01mm) | $R_1 = R'_{i+1} - R'_i$<br>(0.01mm) | $P$<br>(kPa) | $R_{1i}$<br>(0.01mm) | $R_1 = R_{1i+1} - R_{1+i}$<br>(0.01mm) | $R_{2i}$<br>(0.01mm) | $R_2 = R_{2i+1} - R_{2i}$<br>(0.01mm) | $R_1 = \frac{1}{2}(R_1 + R_2)$<br>(0.01mm) | $l$<br>(mm) |
| | | | | | | | | |
| | | | | | | | | |
| | | | | | | | | |
| | | | | | | | | |
| | | | | | | | | |
| | | | | | | | | |
| | | | | | | | | |
| | | | | | | | | |
| | | | | | | | | |
| | | | | | | | | |
| | | | | | | | | |

# 膨胀量试验记录 　　　表 B

| | 试验次数 | | | 1 | 2 | 3 |
|---|---|---|---|---|---|---|
| 膨胀量 | 筒号 | ① | | | | |
| | 泡水前试件(原试件)高度(mm) | ② | | | | |
| | 泡水后试件高度(mm) | ③ | | | | |
| | 膨胀量（%） | ④ | $\dfrac{③-②}{②}\times100$ | | | |
| | 膨胀量平均值（%） | | | | | |
| 密度 | 筒质量 $m_1$(g) | ⑤ | | | | |
| | 筒＋试件质量 $m_2$(g) | ⑥ | | | | |
| | 筒体积（cm³） | ⑦ | | | | |
| | 湿密度 $\rho$(g/cm³) | ⑧ | | | | |
| | 含水率 $w$(%) | ⑨ | | | | |
| | 干密度 $\rho_d$(g/cm³) | ⑩ | | | | |
| | 干密度平均值 $\rho_d$(g/cm³) | | | | | |
| 吸水率 | 饱水后筒＋试件质量 $m_3$(g) | ⑪ | | | | |
| | 吸水量 $w_a$(g) | ⑫ | | | | |
| | 吸水量平均值（g） | | | | | |

试验二十

# 土的有机质含量试验

## 一、定义

## 二、目的

## 三、原理

## 四、试验仪器及设备

## 五、试验步骤

## 六、注意事项

## 七、记录及计算

# 有机含量试验记录

工程编号＿＿＿＿＿＿＿＿＿＿　　　　　　　试验计算者＿＿＿＿＿＿＿＿＿＿

土样编号＿＿＿＿＿＿＿＿＿＿　　　　　　　校 核 者＿＿＿＿＿＿＿＿＿＿

土样说明＿＿＿＿＿＿＿＿＿＿　　　　　　　试 验 日 期＿＿＿＿＿＿＿＿＿＿

| 硫酸亚铁标准液浓度 | | | |
|---|---|---|---|
| 试验次数 | | 1 | 2 |
| 土样质量 $m_a$(g) | | | |
| 空白标定消耗硫酸亚铁标准液的量 $V_{FeSO_4}$(mL) | 滴定前读数 | | |
| | 滴定后读数 | | |
| | 滴定消耗 | | |
| 滴定土样消耗标准液的量 $V_{FeSO_4}$(mL) | 滴定前读数 | | |
| | 滴定后读数 | | |
| | 滴定消耗 | | |
| 有机质(%) | | | |
| 平均有机质(%) | | | |

试验二十一

# 土中易溶盐总量测定试验

一、定义

二、目的

三、原理

四、试验仪器及设备

五、试验步骤

六、注意事项

七、记录及计算

# 易溶盐总量试验记录表

工程编号＿＿＿＿＿＿＿＿＿＿＿　　　　　　　　计 算 者＿＿＿＿＿＿＿＿＿＿＿

土样编号＿＿＿＿＿＿＿＿＿＿＿　　　　　　　　校 核 者＿＿＿＿＿＿＿＿＿＿＿

土样说明＿＿＿＿＿＿＿＿＿＿＿　　　　　　　　试验日期＿＿＿＿＿＿＿＿＿＿＿

| 吸取浸出液体积 $V$(mL) | | |
|---|---|---|
| 试验次数 | 1 | 2 |
| 残渣＋蒸发皿的质量(g) | | |
| 蒸发皿的质量(g) | | |
| 残渣的质量(g) | | |
| 全盐量(%) | | |
| 全盐量平均值(%) | | |

试验二十二

# 土中碳酸根及碳酸氢根离子含量测定试验

## 一、目的

## 二、原理

## 三、试验仪器及设备

## 四、试验步骤

## 五、注意事项

## 六、记录及计算

# 碳酸根和碳酸氢根试验记录

工程编号＿＿＿＿＿＿＿＿＿　　　　　　　　计 算 者＿＿＿＿＿＿＿＿＿

土样编号＿＿＿＿＿＿＿＿＿　　　　　　　　校 核 者＿＿＿＿＿＿＿＿＿

土样说明＿＿＿＿＿＿＿＿＿　　　　　　　　试验日期＿＿＿＿＿＿＿＿＿

| | | |
|---|---|---|
| 吸取浸出液体积 V(mL) | | |
| 吸取浸出液体积相当的干土质量(g) | | |
| $H_2SO_4$ 标准液的浓度（mol/L） | | |
| 试验次数 | 1 | 2 |
| 滴定 $CO_3^{2-}$ 时消耗 $H_2SO_4$ 标准液体积(mL) | | |
| 滴定 $CO_3^{2-}$ 时消耗 $H_2SO_4$ 标准液体积(mL) | | |
| $CO_3^{2-}$（％） | | |
| $CO_3^{2-}$ 平均值（％） | | |
| $HCO^{3-}$（％） | | |
| $HCO^{3-}$平均值（％） | | |

试验二十三

# 土中氯离子含量测定试验

## 一、目的

## 二、原理

## 三、试验仪器及设备

## 四、试验步骤

## 五、注意事项

## 六、记录及计算

# 氯 根 试 验 记 录

工程编号＿＿＿＿＿＿＿＿＿＿＿　　　　　　计 算 者＿＿＿＿＿＿＿＿＿＿＿

土样编号＿＿＿＿＿＿＿＿＿＿＿　　　　　　校 核 者＿＿＿＿＿＿＿＿＿＿＿

土样说明＿＿＿＿＿＿＿＿＿＿＿　　　　　　试验日期＿＿＿＿＿＿＿＿＿＿＿

| 吸取浸出液体积 $V$(mL) | | |
|---|---|---|
| 与吸取浸出液相当的土样质量(g) | | |
| $AgNO_3$ 标准液的浓度(mol/L) | | |
| 试验次数 | 1 | 2 |
| 滴定试样消耗 $AgNO_3$ 标准液体积(mL) | | |
| $Cl^-$(％) | | |
| $Cl^-$ 平均值(％) | | |

试验二十四

# 土中硫酸根离子含量测定试验

一、目的

二、原理

三、试验仪器及设备

四、试验步骤

五、注意事项

六、记录及计算

# 硫酸根试验记录（质量法）

工程编号＿＿＿＿＿＿＿＿＿＿＿＿＿        计 算 者＿＿＿＿＿＿＿＿＿＿＿＿

土样编号＿＿＿＿＿＿＿＿＿＿＿＿＿        校 核 者＿＿＿＿＿＿＿＿＿＿＿＿

土样说明＿＿＿＿＿＿＿＿＿＿＿＿＿        试验日期＿＿＿＿＿＿＿＿＿＿＿＿

| 吸取提取液的体积 $V$(mL) | | |
|---|---|---|
| 试验次数 | 1 | 2 |
| (坩埚＋沉淀)质量(g) | | |
| 空坩埚质量(g) | | |
| 沉淀质量(g) | | |
| 空白试验结果(g) | | |
| $SO_4^{2-}$(％) | | |
| $SO_4^{2-}$ 平均值(％) | | |
| $SO_4^{2-}\left(mmol\,\dfrac{1}{2}SO_4^{2-}/kg\right)$ | | |
| $SO_4^{2-}$ 平均值$\left(mmol\,\dfrac{1}{2}SO_4^{2-}/kg\right)$ | | |

试验二十五

# 岩石的密度与相对密度试验

## 一、目的

## 二、原理

## 三、试验仪器及设备

## 四、试验步骤

## 五、注意事项

## 六、记录及计算

## 岩石密度试验记录

工程名称＿＿＿＿＿＿＿＿＿＿　　　　　　　　　试验计算＿＿＿＿＿＿＿＿＿＿

岩样编号＿＿＿＿＿＿＿＿＿＿　　　　　　　　　校 核 者＿＿＿＿＿＿＿＿＿＿

岩样说明＿＿＿＿＿＿＿＿＿＿　　　　　　　　　试验日期＿＿＿＿＿＿＿＿＿＿

| 密度 | 试验温度<br>（℃） | 水的密度<br>（g/cm³） | 烘干质量<br>（g） | 瓶＋水<br>质量(g) | 瓶＋水＋试样<br>质量（g） | 密度<br>（g/cm³） | 均值 |
|---|---|---|---|---|---|---|---|
|  |  |  |  |  |  |  |  |
|  |  |  |  |  |  |  |  |
| 备注 |  |  |  |  |  |  |  |

## 岩石毛体积密度试验记录

工程名称＿＿＿＿＿＿＿＿＿＿　　　　　　　　　试验计算＿＿＿＿＿＿＿＿＿＿

岩样编号＿＿＿＿＿＿＿＿＿＿　　　　　　　　　校 核 者＿＿＿＿＿＿＿＿＿＿

岩样说明＿＿＿＿＿＿＿＿＿＿　　　　　　　　　试验日期＿＿＿＿＿＿＿＿＿＿

| | | 长度(mm) | | 宽度(mm) | | 高度(mm) | | 体积<br>（cm³） | 烘干后<br>质量<br>（g） | 干密度<br>（g/cm³） | 孔隙率<br>（%） | 均值 | |
|---|---|---|---|---|---|---|---|---|---|---|---|---|---|
| | | 1 | 2 | 1 | 2 | 1 | 2 | | | | | 干密度 | 空隙率 |
| 干密度 | 体积法 | | | | | | | | | | | | |
| | | | | | | | | | | | | | |
| | | | | | | | | | | | | | |
| | | 水的密度<br>（g/cm³） | | 饱和后<br>质量(g) | | 饱和后水中<br>质量(g) | | 烘干后<br>质量(g) | 干密度<br>（g/cm³） | 孔隙率<br>（%） | | 均值 | |
| | | | | | | | | | | | | 干密度 | 空隙率 |
| | 水中称量法 | | | | | | | | | | | | |
| | | | | | | | | | | | | | |
| | | 水的密度<br>（g/cm³） | | 烘干试<br>件质量(g) | | 蜡封计试件<br>质量(g) | | 蜡封试件水<br>中质量(g) | 干密度<br>（g/cm³） | 孔隙率<br>（%） | | 均值 | |
| | | | | | | | | | | | | 干密度 | 空隙率 |
| | 蜡封法 | | | | | | | | | | | | |
| | | | | | | | | | | | | | |
| | | | | | | | | | | | | | |
| 备注 | | | | | | | | | | | | | |

试验二十六

# 岩石的孔隙率试验

一、目的

二、原理

三、试验仪器及设备

四、试验步骤

五、注意事项

六、记录及计算

# 岩石吸水性试验记录

工程名称＿＿＿＿＿＿＿＿＿　　　　　　　试验计算＿＿＿＿＿＿＿＿＿

岩样编号＿＿＿＿＿＿＿＿＿　　　　　　　校 核 者＿＿＿＿＿＿＿＿＿

岩样说明＿＿＿＿＿＿＿＿＿　　　　　　　试验日期＿＿＿＿＿＿＿＿＿

| | 烘干试件质量（g） | 浸水试件质量（g） | 吸水率（%） | 均值 |
|---|---|---|---|---|
| 吸水率 | | | | |
| | | | | |
| | | | | |
| | 烘干试件质量（g） | 浸水试件质量（g） | 饱水率（%） | 均值 |
| 饱水率 | | | | |
| | | | | |
| | | | | |
| 备注 | | | | |

试验二十七

# 岩石的抗压强度（软化性）试验

一、目的

二、原理

三、试验仪器及设备

四、试验步骤

五、注意事项

六、记录及计算

# 石料单轴饱水抗压强度试验记录表

工程名称_____　　　　试验计算_____

岩样编号_____　　　　校　核　者_____

岩样说明_____　　　　试验日期_____

| 层理方向 | | | 垂直/平行 | | | | | |
|---|---|---|---|---|---|---|---|---|
| 试件编号 | | | 1 | 2 | 3 | 4 | 5 | 6 |
| 试件边长 $a$（或直径 $d$）（mm） | 顶面 | 1 | | | | | | |
| | | 2 | | | | | | |
| | | 平均 | | | | | | |
| | 底面 | 1 | | | | | | |
| | | 2 | | | | | | |
| | | 平均 | | | | | | |
| 试件面积 $A$（$mm^2$） | 顶面 | | | | | | | |
| | 底面 | | | | | | | |
| | 平均 | | | | | | | |
| 试件压至破坏最大荷载 $P$（kN） | | | | | | | | |
| 试件抗压强度测值 $R_i$（MPa） | | | | | | | | |
| 试件单向抗压强度测定值 $R$（MPa） | | | | | | | | |
| 备注 | | | | | | | | |

试验二十八

# 岩石的抗冻性试验

一、目的

二、原理

三、试验仪器及设备

四、试验步骤

五、注意事项

六、记录及计算

# 石料抗冻性试验（直接冻融法）记录表　　表 A

工程名称＿＿＿＿＿＿＿＿＿　　　　　　　　　　　试验计算＿＿＿＿＿＿＿＿＿

岩样编号＿＿＿＿＿＿＿＿＿　　　　　　　　　　　校 核 者＿＿＿＿＿＿＿＿＿

岩样说明＿＿＿＿＿＿＿＿＿　　　　　　　　　　　试验日期＿＿＿＿＿＿＿＿＿

| 冻融循环试件试验结果 | | | | | | | | |
|---|---|---|---|---|---|---|---|---|
| 试件形状与尺寸 | | | 圆柱体，直径 $D=50mm\pm2mm$，高度 $H=50mm\pm2mm$，$D/H=1$ | | | | | |
| 试件编号 | | | 1 | 2 | 3 | 4 | 5 | 6 |
| 试验前烘干试件质量 $m_1$(g) | | | | | | | | |
| 冻融循环次数 | | | | | | | | |
| 冻融循环后试件剥落、裂缝、分层及掉角情况 | | | 冻融循环后试件无剥落、裂缝、分层及掉角现象 | | | | | |
| 试验后烘干试件质量 $m_2$(g) | | | | | | | | |
| 冻融后的质量损失测值 $Q_冻$(％) | | | | | | | | |
| 冻融后质量损失平均值(％) | | | | | | | | |
| 试件边长 $a$（或直径 $d$）（mm） | 顶面 | 1 | | | | | | |
| | | 2 | | | | | | |
| | | 平均 | | | | | | |
| | 底面 | 1 | | | | | | |
| | | 2 | | | | | | |
| | | 平均 | | | | | | |
| 试件面积 $A$(mm²) | 顶面 | | | | | | | |
| | 底面 | | | | | | | |
| | 平均 | | | | | | | |
| 试件压至破坏最大荷载 $P$(kN) | | | | | | | | |
| 试件饱水抗压强度值 $R_f$(MPa) | | | | | | | | |
| 试件饱水抗压强度平均值 $R_f$(MPa) | | | | | | | | |

| 未冻融循环试件试验结果 | | | | | | | | |
|---|---|---|---|---|---|---|---|---|
| 试件编号 | | | 1 | 2 | 3 | 4 | 5 | 6 |
| 试件边长 $a$（或直径 $d$）（mm） | 顶面 | 1 | | | | | | |
| | | 2 | | | | | | |
| | | 平均 | | | | | | |
| | 底面 | 1 | | | | | | |
| | | 2 | | | | | | |
| | | 平均 | | | | | | |
| 试件面积 $A$（mm²） | 顶面 | | | | | | | |
| | 底面 | | | | | | | |
| | 平均 | | | | | | | |
| 试件压至破坏最大荷载 $P$（kN） | | | | | | | | |
| 试件抗压强度值 $R_s$（MPa） | | | | | | | | |
| 试件抗压强度平均值 $R_s$（MPa） | | | | | | | | |
| 冻融系数 $K_f$ | | | | | | | | |

# 岩石坚固性试验记录表　　　表 B

工程名称＿＿＿＿＿＿＿＿＿＿　　　　试验计算＿＿＿＿＿＿＿＿＿＿

岩样编号＿＿＿＿＿＿＿＿＿＿　　　　校 核 者＿＿＿＿＿＿＿＿＿＿

岩样说明＿＿＿＿＿＿＿＿＿＿　　　　试验日期＿＿＿＿＿＿＿＿＿＿

| 循环次数 | 浸泡开始时间 | 浸泡结束时间 | 浸泡历时 | 烘干开始时间 | 烘干结束时间 | 烘干历时 |
|---|---|---|---|---|---|---|
| 1 | | | | | | |
| 2 | | | | | | |
| 3 | | | | | | |
| 4 | | | | | | |
| 5 | | | | | | |
| 粒级(mm) | 2.36～4.75 | 4.75～9.5 | 9.5～19.0 | 19～37.5 | 样品粒径(mm) 5～10 | 10～20 20～25 |
| 网篮号 | 4(小) | 1(大) | 2(大) | 3(大) | 筛孔(mm) | 分计筛余(g) |
| 网篮质量(g) | | | | | | |
| 循环前网篮试样质量(g) | | | | | | |
| 循环后试样质量(g) | | | | | | |
| 试样质量(g) | | | | | | |
| 损失质量(g) | | | | | | |
| 各粒级质量损失率(%) | | | | 总质量损失(%) | | |
| 试验前粒径大于19mm试样颗粒数 | | | 试验后粒径大于19mm试样颗粒数 | | | |
| 试验后粒径大于19mm颗粒的裂缝、剥落、掉边、掉角情况及其所占的颗粒数量 | | | 无裂缝、剥落、掉边、掉角情况 | | | |
| 备注 | | | | | | |

（2）本试验记录表格如表 3-4 所示。

**含水率试验记录（烘干法）**　　　　　　　　　表 3-4

工程编号_____　　　土样说明_____　　　试验日期_____
试 验 者　×××　　　计 算 者　×××　　　校 核 者　×××

| 盒　号 | | 1 | 2 | 3 | 4 |
|---|---|---|---|---|---|
| 盒质量　　　　　（g） | ① | 20.00 | 20.00 | 20.00 | 20.00 |
| 盒＋湿土质量　（g） | ② | 39.95 | 41.59 | 41.20 | 41.45 |
| 盒＋干土质量　（g） | ③ | 36.12 | 37.33 | 37.38 | 37.56 |
| 水分质量　　　（g） | ④＝②－③ | 3.83 | 4.26 | 3.82 | 3.89 |
| 干土质量　　　（g） | ⑤＝③－① | 16.12 | 17.33 | 17.38 | 17.56 |
| 含水率　　　　（%） | ⑥＝④/⑤ | 23.76 | 24.58 | 22.0 | 22.2 |
| 平均含水率　　（%） | ⑦ | 24.17 | | 22.1 | |

（3）精度和允许差。

本试验须进行两次平行测定，取其算术平均值，允许平行差值应符合表 3-5 的规定。

**含水率测定的允许平行差值**　　　　　　　　　表 3-5

| 含水率（%） | 允许平行差值（%） | 含水率（%） | 允许平行差值（%） |
|---|---|---|---|
| 5 以下 | 0.3 | 40 以上 | 2 |
| 40 以下 | 1 | 对层状和网状构造的冻土 | 3 |

**5. 注意事项**

（1）对于大多数土，通常烘干 16～24h 就足够。但是，某些土或试样数量过多或试样很潮湿，可能需要烘更长的时间。烘干的时间也与烘箱内试样的总质量、烘箱的尺寸及其通风系统的效率有关。

目前国内外一些主要土工试验以 105～110℃ 为标准。

砂类土、砾类土因持水性差，颗粒大小相差悬殊，水分变化大，所以试样应多取一些，《公路土工试验规程》（JTG E40—2007）规定取 50g。对有机质含量超过 5% 的土，因土质不均匀，采用烘干法时，除注明有机质含量外，亦应取 50g。

有机质土含量超过 5% 的土，应在 60～70℃ 的恒温下进行烘干。

某些含有石膏的土在烘干时会损失其结晶水，用此方法测定其含水率有影响。如果土中有石膏，则试样应在不超过 80℃ 的温度下烘干，并可能要烘更长的时间。

（2）如铝盒的盖密闭，而且试样在称量前放置时间较短，可以不需要放在干燥器中冷却。

（3）为缩短烘干时间，可以考虑采用向试样中加酒精以加速水分蒸发的方法。这是减少烘干法烘干时间的较为可行的方法。酒精数量及烘干时间，各地可以通过比较试验确定。应当注意的是，加酒精后的效果与土体含水率的大小有关。〔以上详细内容可参照《公路土工试验规程》（JTG E40—2007）。〕

### 五、酒精燃烧法

酒精燃烧法其温度不符合 105～110℃ 的标准要求,但酒精倒入试样燃烧开始时即汽化,酒精的气体部分构成火焰的焰心,火焰与土样一般保持 2～3cm 的距离,实际上土样受到的温度仅为 70～80℃,待火焰将熄灭的几秒钟才与土面接触,致使土的温度上升至 200～220℃。由于高温燃烧时间较短,土样基本受到适宜的温度。根据经验得知,测得的结果与烘干法误差不大。在野外实际工作中有时需概略了解土样含水率,可用此法。

1. 适用范围

本试验方法适用于快速简易测定细粒土(含有机质的土除外)的含水率。

2. 仪器设备

(1)称量盒(定期调整为恒质量)。

(2)天平:感量 0.01g。

(3)酒精:纯度 95% 以上。

(4)其他:滴管、火柴、调土刀等。

3. 试验步骤

(1)取代表性试样(黏质土 5～10g,砂类土 20～30g),放入称量盒内,称湿土质量。

(2)用滴管将酒精注入放有试样的称量盒中,直至盒中出现自由液面为止。为使酒精在试样中充分混合均匀,可将盒底在桌面上轻轻敲击。

(3)点燃盒中酒精,燃至火焰熄灭。

(4)将试样冷却数分钟,按本试验步骤(2)、(3)重新燃烧两次。

(5)待第三次火焰熄灭后,盖好盒盖,立即称干土质量 $m_5$,准确至 0.01g。

4. 结果整理(同烘干法)

5. 注意事项

(1)取代表性试样时,砂类土数量应多于黏质土。

(2)当采用酒精燃烧法测定土的含水率时,应特别注意酒精存放的安全性。在现场使用酒精燃烧法时,应做好试验操作安全预案。

### 六、比重法

含水率试验的比重法是建立在当前技术发展的基础上。大称量、高精度天平的迅猛发展,使该试验方法成为现实。

1. 适用范围

本试验方法仅适用于砂类土。

通过本试验,测定湿土体积,估计土粒比重,间接计算土的含水率。由于试验时没有考虑温度的影响,所得准确度较差。土内气体能否充分排出,直接影响试验结果的精度,故比重法仅适用于砂类土。

2. 仪器设备

(1)玻璃瓶:容积 500mL 以上。

(2)天平:称量 1000g,感量 0.5g。

(3)其他:漏斗、小勺、吸水球、玻璃片、土样盘及玻璃棒等。

3.试验步骤

(1)取代表性砂类土试样200～300g,放入土样盘内。

(2)向玻璃瓶中注入清水至1/3左右,然后用漏斗将土样盘中的试样倒入瓶中,并用玻璃棒搅拌1～2min,直到所有气体完全排除为止;土样倒入未盛满水的玻璃瓶中后,用玻璃棒充分搅拌悬液,使空气完全排除,因土内气体能否充分排出会直接影响试验结果的精度。

(3)向瓶中加清水至全部充满,静置1min后用吸水球吸去泡沫,再加清水使其充满,盖上玻璃片,擦干瓶外壁,称质量。

(4)倒去瓶中混合液,洗净,再向瓶中加清水至全部充满,盖上玻璃片,擦干瓶外壁,称质量,准确至0.5g。

4.结果整理

(1)按式(3-12)计算含水率:

$$w = \left[\frac{m(G_s - 1)}{G_s(m_1 - m_2)} - 1\right] \times 100 \qquad (3\text{-}12)$$

式中:$w$——砂类土的含水率,%,计算至0.1;

$m$——湿土质量,g;

$m_1$——瓶、水、土、玻璃片合质量,g;

$m_2$——瓶、水、玻璃片合质量,g;

$G_s$——砂类土的比重。

(2)本试验记录表格如表3-6所示。

含水率试验记录(比重法) 表3-6

| 土样编号 | 瓶号 | 湿土质量(g) | 瓶、水、土、玻璃片合质量(g) | 瓶、水、玻璃片合质量(g) | 土样比重 | 含水率(%) | 平均值(%) | 备注 |
|---|---|---|---|---|---|---|---|---|
|  |  |  |  |  |  |  |  |  |
|  |  |  |  |  |  |  |  |  |
|  |  |  |  |  |  |  |  |  |
|  |  |  |  |  |  |  |  |  |

(3)精密度和允许差(同前两种方法)。

5.注意事项

(1)注意选取有代表性的试样并保证所取试样具有足够的数量。

进行含水率试验时,常因试样代表性不足,而使测定结果失去实际意义。导致所测出试样含水率不均匀的因素有以下几点:

①土层本身的不均匀:上下层次中颗粒级配不同、密实度不同以及由于地下水位的影响,都可能造成含水率的不同。

②取土时的影响。

③在运输和储存期间,由于保护不当将使土样表面水分发生变化;由于震动作用也可引起土中水分的重新分布(特别是砂性土)。

然而,要想绝对消除这种影响因素,是不可能的,应尽量设法缩短运输及保管时间,并妥善包装。至于水分的重新分布和转移的现象,在取试样时应予注意,使所取试样尽可能混合均匀,具有代表性。

④选取扰动土(如风干土)时拌和不匀。

⑤试样数量过少,代表性不足。

以上详细内容可参照《公路土工试验规程》(JTG E40—2007)。

(2)采用烘干法试验应注意的事项:

①烘干期间烘箱不应频繁开启,以免影响箱内温度。

②水分较多的土,不应与接近烘干的土在一个箱内混烘。

③因烘箱底层离热源较近,温度较高,故试样应距底层有一定距离。

④将称量盒校正恒量后,简化了试验过程中反复测量称量盒质量的手续。但使用一定时间后,称量盒的质量常有变化,因此一般半年需要校正一次,以保证试验精度。

**复习思考题**

1.为什么黏性土烘干的时间较长?

2.当土中有机质含量高时,为什么测得的含水率比实际的含水率要大?

3.含水率在5%～40%时,平行试验的允许差值是多少?

4.比重法测含水率的适用范围是什么?

# 第四节　砂的相对密度试验

## 一、定义

相对密度是无凝聚性粗粒土紧密程度的指标,等于其最大孔隙比与天然孔隙比之差和最大孔隙比与最小孔隙比之差的比值。

砂土的紧密程度对于公路路基和地基的稳定性具有重要意义。砂土的密实度直接影响砂土的工程性质。砂土越密实,其抗剪强度就越大,压缩变形越小,承载能力也就越高。对于土作为建筑物的地基的稳定性,特别是在抗震稳定性方面,具有重要的意义。

## 二、目的和适用范围

(1)本试验的目的是求无凝聚性土的最大与最小孔隙比,用于计算相对密度,借此了解该土在自然状态或经压实后的松紧情况、土粒结构的稳定性及地基承载力等。

(2)本试验适用于粒径小于5mm的土,且粒径2～5mm的试样质量不大于试样总质量的15%。

## 三、原理

最大孔隙比的测定,是用漏斗漏砂于量筒内,使其达到最大松装体积,测出其最小干密度,并按 $e = \dfrac{G_s}{\rho_d} - 1$ 确定其最大孔隙比。

最小孔隙比的测定,是利用振动盛砂容器和锤击试样使土样达到最密实状态,求其最大干密度,并按 $e = \dfrac{G_s}{\rho_d} - 1$ 确定其最小孔隙比。

### 四、仪器设备

(1)量筒:容积为 500mL 及 1000mL 两种,后者内径应大于 60mm。

(2)长颈漏斗:颈管内径约 12mm,颈口磨平(图 3-3)。

(3)锥形塞:直径约 15mm 的圆锥体镶于铁杆上(图 3-3)。

(4)砂面拂平器。

(5)电动最小孔隙比仪,如无此种仪器,可用下列(6)～(18)设备。

(6)金属容器,有以下两种:容积 250mL,内径 50mm,高度 127mm 和容积 1000mL,内径 100mm,高度 127mm。

(7)振动仪(图 3-4)。

(8)击锤:锤重 1.25kg,高度 150mm,锤座直径 50mm(图 3-5)。

(9)台秤:感量 1g。

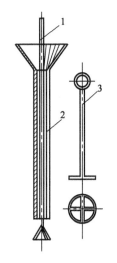

图 3-3　长颈漏斗

1-锥形塞;2-长颈漏斗;3-拂平器

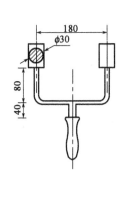

图 3-4　振动仪(单位:mm)

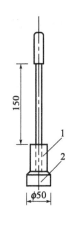

图 3-5　击锤(单位:mm)

1-击锤;2-锤座

### 五、试验步骤

1. 最大孔隙比的测定

(1)取代表性试样约 1.5kg,充分风干(或烘干),用手搓揉或用圆木棍在橡皮板上碾散,并拌和均匀。

(2)将锥形塞杆自漏斗下口穿入,并向上提起,使锥体堵住漏斗管口,一并放入容积 1000mL 量筒中,使其下端与量筒底相接。

(3)称取试样 700g,准确至 1g,均匀倒入漏斗中,将漏斗与塞杆同时提高,移动塞杆使锥体略离开管口,管口应经常保持高出砂面约 1～2cm,使试样缓缓且均匀分布地落入量筒中。

（4）试样全部落入量筒后取出漏斗与锥形塞，用砂面拂平器将砂面拂平，勿使量筒振动，然后测读砂样体积，估读至 5mL。

（5）以手掌或橡皮塞堵住量筒口，将量筒倒转，缓慢地转动量筒内的试样，并回到原来位置，如此重复几次，记下体积的最大值，估读至 5mL。

（6）取上述两种方法测得的较大体积值，计算最大孔隙比。

2. 最小孔隙比的测定

（1）取代表性试样约 4kg，按"最大孔隙比的测定"中步骤（1）处理。

（2）分三次倒入容器进行振击，先取上述试样 600～800g（其数量应使振击后的体积略大于容器容积的 1/3）倒入 1000cm³ 容器内，用振动仪以 150～200 次/min 的速度敲打容器两侧，并在同一时间内，用击锤于试样表面锤击 30～60 次/min，直到砂样体积不变为止（一般约 5～10min）。敲打时要用足够的力量使试样处于振动状态；振击时，粗砂可用较少击数，细砂应用较多击数。

（3）如用电动最小孔隙比试验仪时，当试样同上法装入容器后，开动电机，进行振击试验。

（4）按步骤（2）进行后两次加土的振动和锤击，第三次加土时应先在容器口上安装套环。

（5）最后一次振毕，取下套环，用修土刀齐容器顶面削去多余试样，称量，准确至 1g，计算其最小孔隙比。

## 六、结果整理

（1）按式（3-13）计算最小与最大干密度：

$$\rho_{dmax} = \frac{m}{V_{min}} \quad 或 \quad \rho_{dmin} = \frac{m}{V_{max}} \tag{3-13}$$

式中：$\rho_{dmax}$——最大干密度，g/cm³，计算至 0.01g/cm³；

$\rho_{dmin}$——最小干密度，g/cm³，计算至 0.01g/cm³；

$m$——试样质量，g；

$V_{max}$——试样最大体积，cm³；

$V_{min}$——试样最小体积，cm³。

（2）按式（3-14）计算最大与最小孔隙比：

$$e_{max} = \frac{\rho_w G_s}{\rho_{dmin}} - 1 \quad 或 \quad e_{min} = \frac{\rho_w G_s}{\rho_{dmax}} - 1 \tag{3-14}$$

式中：$e_{min}$——最小孔隙比，计算至 0.01；

$e_{max}$——最大孔隙比，计算至 0.01；

$G_s$——土粒比重。

（3）按式（3-15）计算相对密度：

$$D_r = \frac{e_{max} - e_0}{e_{max} - e_{min}} \quad 或 \quad D_r = \frac{(\rho_d - \rho_{dmin})\rho_{dmax}}{(\rho_{dmax} - \rho_{dmin})\rho_d} \tag{3-15}$$

式中：$D_r$——相对密度，计算至 0.01；

$\rho_d$——天然干密度或填土的相应干密度，g/cm³；

$e_0$——天然孔隙比或填土的相应孔隙比。

（4）本试验记录表格如表3-7所示。

**相对密度试验记录**

表 3-7

工程名称　　G302　　　　　土样编号　　土2-3　　　试验日期　　2013.6.12

试验者　　×××　　　　　　计算者　　×××　　　　　校核者　　×××

| 试 验 项 目 | | 最大孔隙比 | | 最小孔隙比 | | 备注 |
|---|---|---|---|---|---|---|
| 试 验 方 法 | | 漏斗法 | | 振击法 | | |
| 试样＋容器质量(g) | ① | | | 2162 | 2165 | |
| 容器质量(g) | ② | | | 1750 | | |
| 试样质量(g) | ③ | ①－② | 400 | 420 | 412 | 415 | |
| 试样体积(cm³) | ④ | | 335 | 350 | 250 | | |
| 干密度(g/cm³) | ⑤ | ③/④ | 1.20 | 1.20 | 1.65 | 1.66 | |
| 平均干密度(g/cm³) | ⑥ | | 1.20 | | 1.66 | | |
| 比重 $G_s$ | ⑦ | | 2.65 | | | | |
| 孔隙比 $e$ | ⑧ | | 1.21 | | 0.59 | | |
| 天然干密度(g/cm³) | ⑨ | | 1.30 | | | | |
| 天然孔隙比 $e_0$ | ⑩ | | 1.04 | | | | |
| 相对密度 $D_r$ | ⑪ | | 0.27 | | | | |

（5）精密度和允许差。

最小与最大干密度，均须进行两次平行测定，取其算术平均值，其平行差值不得超过0.03g/cm³。

## 复习思考题

1.若测得某砂土试样的相对密度为0.5,则该砂土的紧密程度属哪一分级？

2.最小孔隙比测定试验中,试样要分几次振击？为什么？第几次加土时,要装套环？为什么？

# 第四章　土的颗粒分析试验

在工程实践中,最常用的颗粒分析试验有两大类:一是机械分析法,如筛析法;二是物理分析法,如密度计法、移液管法等。前者适用于分析粒径大于 0.075mm 且不大于 60mm 的土颗粒,后者适用于分析粒径小于 0.075mm 的土颗粒。若土中粗细颗粒兼有,则联合采用筛析法及密度计法或移液管法。

## 第一节　筛分法试验

### 一、定义

土的粒度成分是指土中各种不同粒组的相对含量(以干土质量的百分比表示),它可以用来描述土的各种不同粒径土粒的分布特性。

### 二、目的和适用范围

土的颗粒分析试验就是测定土的粒径大小和级配情况,为土的分类、定名和工程应用提供依据。本试验法适用于分析粒径大于 0.075mm 的土。对于粒径大于 60mm 的土样,本试验方法不适用。

### 三、原理

筛分法,是将土样通过逐级减少孔径的一组标准筛,对于通过某一筛孔的土粒,可以认为其粒径恒小于该筛的孔径,反之,遗留在筛上的颗粒,可以认为其粒径恒大于该筛孔径,这样即可把土样的大小颗粒按筛孔径大小逐级加以分组和分析。

### 四、仪器设备

(1)标准筛:粗筛(圆孔),孔径为 60mm、40mm、20mm、10mm、5mm、2mm;细筛,孔径为 2mm、1.0mm、0.5mm、0.25mm、0.075mm。

(2)天平:称量5000g,感量5g;称量1000g,感量1g;称量200g,感量0.2g。

(3)摇筛机。

(4)其他:烘箱、筛刷、烧杯、木碾、研钵及杵等。

### 五、试样

从风干、松散的土样中,用四分法按照下列规定取出具有代表性的试样:

小于 2mm 颗粒的土 100~300g。

最大粒径小于 10mm 的土 300～900g。

最大粒径小于 20mm 的土 1000～2000g。

最大粒径小于 40mm 的土 2000～4000g。

最大粒径大于 40mm 的土 4000g 以上。

## 六、试验步骤

1. 对于无凝聚性的土

(1)按规定称取试样,将试样分批过 2mm 筛。

(2)将大于 2mm 的试样从大到小的次序,通过大于 2mm 的各级粗筛。将留在筛上的土分别称量。

(3)2mm 筛下的土如数量过多,可用四分法缩分至 100～800g。将试样从大到小的次序通过小于 2mm 的各级细筛。可用摇筛机进行振摇。振摇时间一般为 10～15min。

(4)由最大孔径的筛开始,顺序将各筛取下,在白纸上用手轻叩摇晃,至每分钟筛下数量不大于该级筛余质量的 1％为止。漏下的土粒应全部放入下一级筛内,并将留在各筛上的土样用软毛刷刷净,分别称量。

(5)筛后各级筛上和筛底土总质量与筛前试样质量之差,不应大于 1％。

(6)如 2mm 筛下的土不超过试样总质量的 10％,可省略细筛分析;如 2mm 筛上的土不超过试样总质量的 10％,可省略粗筛分析。

2. 对于含有黏土粒的砂砾土

(1)将土样放在橡皮板上,用木碾将黏结的土团充分碾散,拌匀、烘干、称量。如土样过多时,用四分法称取代表性土样。

(2)将试样置于盛有清水的瓷盆中,浸泡并搅拌,使粗细颗粒分散。

(3)将浸润后的混合液过 2mm 筛,边冲边洗过筛,直至筛上仅留大于 2mm 以上的土粒为止。然后,将筛上洗净的砂砾风干称量。按以上方法进行粗筛分析。

(4)通过 2mm 筛下的混合液存放在盆中,待稍沉淀。将上部悬液过 0.075mm 洗筛,用带橡皮头的玻璃棒研磨盆内浆液,再加清水,搅拌、研磨、静置、过筛,反复进行,直至盆内悬液澄清。最后,将全部土粒倒在 0.075mm 筛上,用水冲洗,直到筛上仅留大于 0.075mm 净砂为止。

(5)将大于 0.075mm 的净砂烘干称量,并进行细筛分析。

(6)将大于 2mm 颗粒及 2～0.075mm 的颗粒质量从原称量的总质量中减去,即为小于 0.075mm 颗粒质量。

(7)如果小于 0.075 颗粒质量超过总土质量的 10％,有必要时,将这部分土烘干、取样,另做比重计或移液管分析。

## 七、结果整理

(1)按式(4-1)计算小于某粒径颗粒质量百分数:

$$X = \frac{A}{B} \times 100 \tag{4-1}$$

式中：$X$——小于某粒径颗粒的质量百分数，%；

　　$A$——小于某粒径的颗粒质量，g；

　　$B$——试样的总质量，g。

（2）当小于 2mm 的颗粒如用四分法缩分取样时，试样中小于某粒径的颗粒质量占总土质量的百分数：

$$X = \frac{a}{b} \times P \times 100 \tag{4-2}$$

式中：$a$——通过 2mm 筛的试样中小于某粒径的颗粒质量，g；

　　$b$——通过 2mm 筛的土样中所取试样的质量，g；

　　$P$——粒径小于 2mm 的颗粒质量百分数，%。

（3）在半对数坐标纸上，以小于某粒径的颗粒质量百分数为纵坐标，以粒径（mm）为横坐标，绘制颗粒大小级配曲线，如图 4-1 所示，求出各粒组的颗粒质量百分数，以整数（%）表示。

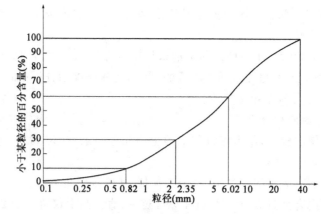

图 4-1　累计曲线图

（4）必要时按式（4-3）、式（4-4）计算不均匀系数和曲率系数：

$$C_u = \frac{d_{60}}{d_{10}} \tag{4-3}$$

$$C_c = \frac{d_{30}^2}{d_{60} \times d_{10}} \tag{4-4}$$

式中：$C_u$——不均匀系数；

　　$d_{60}$——限制粒径，即土中小于该粒径的颗粒质量为 60% 的粒径，mm；

　　$d_{10}$——有效粒径，即土中小于该粒径的颗粒质量为 10% 的粒径，mm。

（5）本试验记录格式如表 4-1 所示。

## 八、注意事项

（1）用木碾或橡皮研棒研土块时，不要把颗粒研碎。保持土的原状颗粒。

（2）过筛前应检查筛孔中是否夹有颗粒，若有应将其轻轻刷掉，同时，将筛子按孔径大小，自上而下排列。

颗粒分析试验（筛分法）记录　　　　　　表 4-1

工程名称　　**G102**　　　　土样编号　　**土 2-1**　　　　试验日期　　**2013.7.12**

试　验　者　　×××　　　　计　算　者　　×××　　　　校　核　者　　×××

| 筛前总土质量为3000g | | | | | 取 2mm 以下试样质量为200g | | | | | |
| 小于 2mm 土质量为810g | | | | | 小于 2mm 土占总土质量27% | | | | | |
| 粗　筛　分　析 | | | | | 细　筛　分　析 | | | | | |
| 孔径<br>（mm） | 分计留筛<br>土质量<br>（g） | 累计留筛<br>土质量<br>（g） | 小于该<br>孔径土<br>质量<br>（g） | 小于该<br>孔径质<br>量百分比<br>（%） | 孔径<br>（mm） | 分计留筛<br>土质量<br>（g） | 累计留筛<br>土质量<br>（g） | 小于该<br>孔径土<br>质量<br>（g） | 小于该<br>孔径土质<br>量百分比<br>（%） | 占总土质<br>量百分比<br>（%） |
| 60 | | | | | 2 | 0 | 0 | 200.0 | 100.0 | 27.0 |
| 40 | 0 | | 3000 | 100.0 | 1 | 102.0 | 102.0 | 98.0 | 49.0 | 14.0 |
| 20 | 345 | 345 | 2655 | 88.4 | 0.5 | 50.2 | 152.2 | 47.8 | 23.9 | 6.5 |
| 10 | 570 | 915 | 2085 | 69.5 | 0.25 | 22.0 | 174.2 | 25.8 | 12.9 | 3.5 |
| 5 | 670 | 1585 | 1415 | 47.2 | 0.075 | 16.6 | 190.8 | 9.2 | 4.6 | 1.2 |
| 2 | 605 | 2190 | 810 | 27.0 | 底 | 9.2 | 200.0 | | | |
| 底 | 810 | 3000 | | | | | | | | |
| $C_u = 7.34$ | | | | | $C_c = 1.12$ | | | | | |
| 结论： | | | | | | | | | | |

（3）摇筛和逐一筛分操作过程中，勿将土样外掉和飞扬。

（4）过筛后，应检查筛孔是否夹有颗粒，若有应将其刷掉，归入此筛。

## 复习思考题

1. 什么叫粒度成分？简述筛析法的基本原理。

2. 何谓累积曲线、不均匀系数、曲率系数？

3. 土满足什么条件时为级配良好的土？

# 第二节　沉降分析法试验

## 一、原理

密度计法也称比重计法，是沉降分析法中一种常用的分析方法，其基本原理是根据大小不同的土粒在静水中沉降速度不同，以分离大小不同的粒组，然后求得各粒组百分含量。密度计分为甲种和乙种。甲种密度计读数表示 1000ml 悬液中的干土重；乙种密度计读数表示悬液比重。两种密度计的制造原理和使用方法基本相同。

用密度计分析颗粒大小的分布是根据司托克斯(Stoks)定律。

密度计法颗粒分析试验是将定量的土样和水混合制成悬液,注入量筒中,悬液容积为1000ml。悬液经过搅拌,大小颗粒均匀地分布于水中,此时,悬液的浓度上下一致。颗粒相同的土粒依照司托克斯定律将以等速 $v$ 下降,经过 $t$ 秒后所有粒径为 $d$ 的颗粒下降的距离 $L = vt$,因此,所有大于 $d$ 的颗粒已经下降到 $L$ 平面以下,$L$ 平面以上则仅有小于 $d$ 的颗粒。靠近 $L$ 平面上取一单位体积观察,则该部分悬液不大于 $d$ 的颗粒分布情况与试验开始时完全一样。其中一部分颗粒降至 $L$ 平面以下,同一时间内又有一部分从上面降下来,因此量得 $L$ 深度处悬液的比重与原来悬液的比重相比较,即可求出粒径小于 $d$ 的颗粒占的百分数。在不同时间内量得不同 $L$ 深度处的密度,即可找出不同粒径的数量,以绘成颗粒大小分布曲线。

密度计在颗粒分析试验中有两个作用,一是测量悬液的密度,二是测量土粒沉降的距离。

## 二、目的和适用范围

土的颗粒分析试验就是测定土的粒径大小和级配情况,为土的分类、定名和工程应用提供依据。本试验方法适用于分析粒径小于 0.075mm 的细粒土。

## 三、仪器设备

(1)密度计。

甲种密度计:刻度单位以 20℃ 时每 1000mL 悬液内所含土质量的克数表示,刻度为 5～50,最小分度值为 0.5。

乙种密度计:刻度单位以 20℃ 时悬液比重表示,刻度为 0.995～1.020,最小分度值为0.0002。

(2)量筒:容积为 1000mL,内径为 60mm,高度为 350mm±10mm,刻度为 0～1000mL。

(3)细筛:孔径为 2mm、0.5mm、0.25mm;洗筛:孔径为 0.075mm。

(4)天平:称量 100g,感量 0.1g;称量 100g(或 200g),感量 0.01g。

(5)温度计:测量范围 0～50℃,精度 0.5℃。

(6)洗筛漏斗:上口直径略大于洗筛直径,下口直径略小于量筒直径。

(7)煮沸设备:电热板或电砂浴。

(8)搅拌器:底板直径 50mm,孔径约 3mm。

(9)其他:离心机、烘箱、三角烧瓶(500mL)、烧杯(400mL)、蒸发皿、研钵、木碾、称量铝盒、秒表等。

## 四、试剂

浓度 25% 氨水、氢氧化钠(NaOH)、草酸钠($Na_2C_2O_4$)、六偏磷酸钠[$(NaPO_3)_6$]、焦磷酸钠($Na_4P_2O_7 \cdot 10H_2O$)等;如须进行洗盐手续,应有 10% 盐酸、5% 氯化钡、10% 硝酸、5% 硝酸银及 6% 双氧水等。

### 五、试样

密度计分析土样应采用风干土。土样充分碾散,通过2mm筛(土样风干可在烘箱内以不超过50℃鼓风干燥)。

求出土样的风干含水率,并按式(4-5)计算试样干质量为30g时所需的风干土质量,准确至0.01g。

$$m = m_s(1 + 0.01w) \tag{4-5}$$

式中:$m$——风干土质量,g,计算至0.01,g;

　　　$m_s$——密度计分析所需干土质量,g;

　　　$w$——风干土的含水率,%。

### 六、密度计校正

密度计应对刻度及弯月面、温度、土粒比重和分散剂等进行校正。

(1)密度计刻度及弯月面校正:按《标准玻璃浮计检定规程》(JJG 86—2011)进行。土粒沉降距离校正参见《公路土工试验规程》(JTG E40—2007)条文说明。

(2)温度校正:当密度计的刻制温度是20℃,而悬液温度不等于20℃时,应进行校正,校正值查表4-2。

温 度 校 正 值
表 4-2

| 悬液温度 | 甲种密度计温度校正值 | 乙种密度计温度校正值 | 悬液温度 | 甲种密度计温度校正值 | 乙种密度计温度校正值 |
|---|---|---|---|---|---|
| $t(℃)$ | $m_t$ | $m_t'$ | $t(℃)$ | $m_t$ | $m_t'$ |
| 10.0 | −2.0 | −0.0012 | 20.2 | 0.0 | +0.0000 |
| 10.5 | −1.9 | −0.0012 | 20.5 | +0.1 | +0.0001 |
| 11.0 | −1.9 | −0.0012 | 21.0 | +0.3 | +0.0002 |
| 11.5 | −1.8 | −0.0011 | 21.5 | +0.5 | +0.0003 |
| 12.0 | −1.8 | −0.0011 | 22.0 | +0.6 | +0.0004 |
| 12.5 | −1.7 | −0.0010 | 22.5 | +0.8 | +0.0005 |
| 13.0 | −1.6 | −0.0010 | 23.0 | +0.9 | +0.0006 |
| 13.5 | −1.5 | −0.0009 | 23.5 | +1.1 | +0.0007 |
| 14.0 | −1.4 | −0.0009 | 24.0 | +1.3 | +0.0008 |
| 14.5 | −1.3 | −0.0008 | 24.5 | +1.5 | +0.0009 |
| 15.0 | −1.2 | −0.0008 | 25.0 | +1.7 | +0.0010 |
| 15.5 | −1.1 | −0.0007 | 25.5 | +1.9 | +0.0011 |
| 16.0 | −1.0 | −0.0006 | 26.0 | +2.1 | +0.0013 |
| 16.5 | −0.9 | −0.0006 | 26.5 | +2.2 | +0.0014 |
| 17.0 | −0.8 | −0.0005 | 27.0 | +2.5 | +0.0015 |
| 17.5 | −0.7 | −0.0004 | 27.5 | +2.6 | +0.0016 |
| 18.0 | −0.5 | −0.0003 | 28.0 | +2.9 | +0.0018 |
| 18.5 | −0.4 | −0.0003 | 28.5 | +3.1 | +0.0019 |
| 19.0 | −0.3 | −0.0002 | 29.0 | +3.3 | +0.0021 |
| 19.5 | −0.1 | −0.0001 | 29.5 | +3.5 | +0.0022 |
| 20.0 | −0.0 | −0.0000 | 30.0 | +3.7 | +0.0023 |

(3)土粒比重校正：密度计刻度应以土粒比重2.65为准。当试样的土粒比重不等于2.65时，应进行土粒比重校正。校正值查表4-3。

| 土粒比重 | 甲种密度计 $C_G$ | 乙种密度计 $C'_G$ | 土粒比重 | 甲种密度计 $C_G$ | 乙种密度计 $C'_G$ |
| --- | --- | --- | --- | --- | --- |
| 2.50 | 1.038 | 1.666 | 2.70 | 0.989 | 1.588 |
| 2.52 | 1.032 | 1.658 | 2.72 | 0.985 | 1.581 |
| 2.54 | 1.027 | 1.649 | 2.74 | 0.981 | 1.575 |
| 2.56 | 1.022 | 1.641 | 2.76 | 0.977 | 1.568 |
| 2.58 | 1.017 | 1.632 | 2.78 | 0.973 | 1.562 |
| 2.60 | 1.012 | 1.625 | 2.80 | 0.969 | 1.556 |
| 2.62 | 1.007 | 1.617 | 2.82 | 0.965 | 1.549 |
| 2.64 | 1.002 | 1.609 | 2.84 | 0.961 | 1.543 |
| 2.66 | 0.998 | 1.603 | 2.86 | 0.958 | 1.538 |
| 2.68 | 0.993 | 1.595 | 2.88 | 0.954 | 1.532 |

（4）分散剂校正：密度计刻度系以纯水为准，当悬液中加入分散剂时，相对密度增大，故须加以校正。

注纯水入量筒，然后加分散剂，使量筒溶液达1000mL。用搅拌器在量筒内沿整个深度上下搅拌均匀，恒温至20℃。然后将密度计放入溶液中，测记密度计读数。此时密度计读数与20℃时纯水中读数之差，即为分散剂校正值。

### 七、土样分散处理

土样的分散处理，采用分散剂。对于使用各种分散剂均不能分散的土样（如盐渍土等），须进行洗盐。

分散剂和分散方法按如下规定进行：

进行土的分散之前，用煮沸后的蒸馏水，按1：5的土水比浸泡土样，摇振3min，澄清半小时后，用酸度计或pH值试纸测定土样悬液的pH值。按照酸性土（pH<6.5）、中性土（pH=6.5～7.5）、碱性土（pH>7.5）分别选用分散剂。这样就可避免采用一种分散剂所带来的偏差。

对于一般易分散的土，用25%的氨水作为分散剂，其用量为：30g土样中加氨水1mL。

对于用氨水不能分散的土样，可根据土样的pH值，分别采用下列分散剂：

（1）酸性土（pH<6.5），30g土样加0.5mol/L氢氧化钠20mL。溶液配制方法：称取20gNaOH（化学纯），加蒸馏水溶解后，定容至1000mL摇匀。

（2）中性土（pH=6.5～7.5），30g土样加0.25mol/L草酸钠18mL。溶液配制方法：称取33.5g $Na_2C_2O_4$（化学纯），加蒸馏水溶解后，定容至1000mL摇匀。

（3）碱性土（pH>7.5），30g土样加0.083mol/L六偏磷酸钠15mL。溶液配制方法：称取51g $(NaPO_3)_6$（化学纯），加蒸馏水溶解后，定容至1000mL摇匀。

(4)若土的 pH 大于 8,用六偏磷酸钠分散效果不好或不能分散时,则用 30g 土样加 0.125mol/L焦磷酸钠 14mL。溶液配制方法:称取 55.8gNa₄P₂O₇・10H₂O(化学纯),加蒸馏水溶解后,定容至 1000mL 摇匀。

对于以上分散剂,当加入时振荡,煮沸 40min,即可分散。

对于强分散剂(如焦磷酸钠)仍不能分散的土,可用阳离子交换树脂(粒径大于 2mm 的) 100g 放入土样中一起浸泡,不断摇荡约 2h,再过 2mm 筛,将阳离子交换树脂分开,然后加入 0.083mol/L 六偏磷酸钠 15mL,不煮沸即可分散。交换后的树脂,加盐酸处理,使之恢复后,仍能继续使用。

对于可能含有水溶盐,采用以上方法均不能分散的土样,要进行水溶盐检验。其方法是:取均匀试样约 3g,放入烧杯内,注入 4～6mL 蒸馏水,用带橡皮头的玻璃棒研散,再加 25mL 蒸馏水,煮沸 5～10min,经漏斗注入 30mL 的试管中,塞住管口,放在试管架上静置一昼夜。若发现管中悬液有凝聚现象(在沉淀物上部呈松散絮绒状),则说明试样中含有足以使悬液中土粒成团下降的水溶盐,要进行洗盐。

## 八、洗盐(过滤法)

对易溶盐含量超过总量 0.5％的土样须进行洗盐,采用过滤法。具体如下:

(1)将分散用的试样放入调土皿内,注入少量蒸馏水,拌和均匀。将滤纸微湿后紧贴于漏斗上,然后将调土皿中土浆迅速倒入漏斗中,并注入热蒸馏水冲洗过滤。调土皿上的土粒要全部洗入漏斗。若发现滤液混浊,须重新过滤。

(2)应经常使漏斗内的液面保持高出土面约 5mm。每次加水后,须用表面皿盖住。

(3)为了检查水溶盐是否已洗干净,可用两个试管各取刚滤下的滤液 3～5mL,管中加入数滴 10％硝酸及 5％硝酸盐,发现任一管中有白色沉淀时为止。将漏斗上的土样细心洗下,风干取样。

## 九、试验步骤

适用于甲、乙两种密度计。

(1)将称好的风干土样倒入三角烧瓶中,注入蒸馏水 200mL,浸泡一夜。按前述规定加入分散剂。

(2)将三角烧瓶摇荡后,放在电热器上煮沸 40min(若用氨水分散时,要用冷凝管装置;若用阳离子交换树脂时,则不需要煮沸)。

(3)将煮沸后冷却的悬液倒入烧杯中,静置 1min。将上部悬液通过 0.075mm 筛,注入 1000mL 量筒中。杯中沉土用带橡皮头的玻璃棒细心研磨。加水入杯中,搅拌后静置 1min,再将上部悬液通过 0.075mm 筛,倒入量筒。反复进行,直到静置 1min 后,上部悬液澄清为止。最后将全部土粒倒入筛内,用水冲洗至仅有大于 0.075mm 净砂为止。注意量筒中的悬液总量不要超过 1000mL。

(4)将留在筛上的砂粒洗入皿中,风干称量,并计算各粒组颗粒质量占总土质量的百分数。

(5)向量筒中注入蒸馏水,使悬液恰为 1000mL(如用氨水作分散剂,这时应再加入 25％氨水 0.5mL,其数量包括在 1000mL 内)。

(6)用搅拌器在量筒内沿整个悬液深度上下搅拌 1min,往返约 30 次,使悬液均匀分布。

(7)取出搅拌器,同时开动秒表。测记 0.5min、1min、5min、15min、30min、60min、120min、240min 及 1440min 的密度计读数,直至小于某粒径的土重百分数小于 10% 为止。每次读数前 10~20s 将密度计小心放入量筒至约接近估计读数的深度。读数以后,取出密度计(0.5min 及 1min 读数除外),小心放入盛有清水的量筒中。每次读数后均须测记悬液温度,准确至 0.5℃。

(8)如一次做一批土样(20 个),可先做完每个量筒的 0.5min 及 1min 读数,再按以上步骤将每个土样悬液重新依次搅拌一次。然后分别测记各规定时间的读数。同时在每次读数后测记悬液的温度。

(9)密度计读数均以弯月面上缘为准。甲种密度计应准确至 1,估读至 0.1;乙种密度计应准确至 0.001,估读至 0.0001。为方便读数,采用间读法,即 0.001 读作 1,而 0.0001 读作0.1 这样即便于读数,又便于计算。

## 十、结果整理

(1)小于某粒径的试样质量占试样总质量的百分比按式(4-6)~式(4-9)计算。
甲种密度计:

$$X = \frac{100}{m_s} C_G (R_m + m_t + n - C_D) \tag{4-6}$$

$$C_G = \frac{\rho_s}{\rho_s - \rho_{w20}} \times \frac{2.65 - \rho_{w20}}{2.65} \tag{4-7}$$

式中:$X$——小于某粒径的土质量百分数,%,计算至 0.1;

$m_s$——试样质量(干土质量),g;

$C_G$——比重校正值,查表 4-3;

$\rho_s$——土粒密度,g/cm³;

$\rho_{w20}$——20℃时水的密度,g/cm³;

$m_t$——温度校正值,查表 4-2;

$n$——刻度及弯月面校正值;

$C_D$——分散剂校正值;

$R_m$——甲种密度计读数。

乙种密度计:

$$X = \frac{100V}{m_s} C'_G [(R'_m - 1) + m'_t + n' - C'_D] \rho_{w20} \tag{4-8}$$

$$C_G = \frac{\rho_s}{\rho_s - \rho_{w20}} \tag{4-9}$$

式中:$X$——小于某粒径的土质量百分数,%,计算至 0.1;

$V$——悬液体积(=1000mL);

$m_s$——试样质量(干土质量),g;

$C'_G$——比重校正值,查表 4-3;

$\rho_s$——土粒密度,g/cm³;

$\rho_{w20}$——20℃时水的密度，g/cm³；

$m'_t$——温度校正值，查表 4-2；

$n'$——刻度及弯月面校正值；

$C'_D$——分散剂校正值；

$R'_m$——乙种密度计读数。

（2）土粒直径按式（4-10）计算，也可按图 4-2 确定。

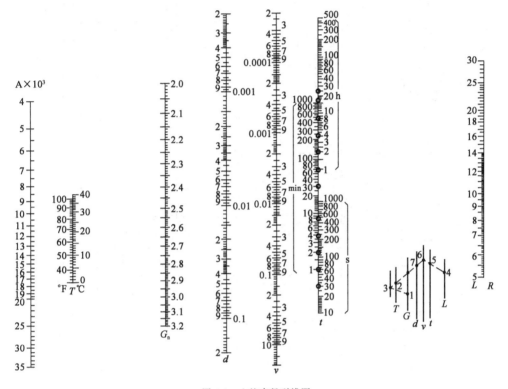

图 4-2　土粒直径列线图

$$d = \sqrt{\frac{1800 \times 10^4 \eta}{(G_s - G_{wt})\rho_{w4}g} \times \frac{L}{t}} \qquad (4\text{-}10)$$

式中：$d$——土粒直径，mm，计算至 0.0001 且含两位有效数字；

　　$\eta$——水动力黏滞系数（参见"渗透试验"），g·s/cm² 或 $10^{-6}$kPa·s；

　　$G_s$——土粒比重；

　　$G_{wt}$——温度为 $t$℃时水的比重；

　　$\rho_{w4}$——水在 4℃时的密度，g/cm³；

　　$L$——某一时间 $t$ 内的土粒沉降距离，cm；

　　$g$——重力加速度，9.81m/s²；

　　$t$——沉降时间，s。

为了简化计算，式（4-10）改写成式（4-11）：

$$d = K\sqrt{\frac{L}{t}} \qquad (4\text{-}11)$$

式中：$K$——粒径计算系数$\left[\sqrt{\dfrac{1800\times10^4\eta}{(G_s-G_{wt})\cdot\rho_{w4}g}}\right]$，与悬液和土粒比重有关，其值见图4-3。

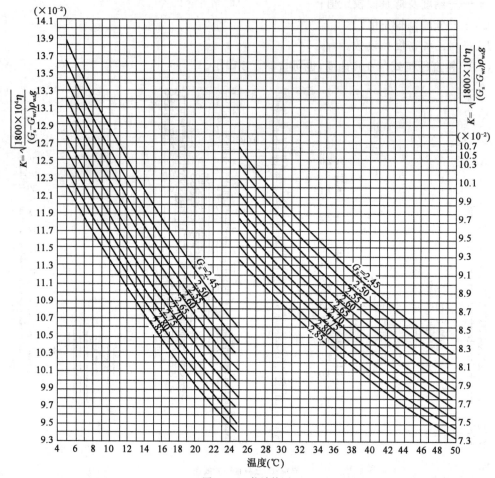

图4-3　$K$值计算图

（3）以小于某粒径的颗粒百分数为纵坐标，以粒径（mm）为横坐标，在半对数纸上，绘制粒径分配曲线（图4-4）。求出各粒组的颗粒质量百分数，并且不大于$d_{10}$的数据点至少有一个。

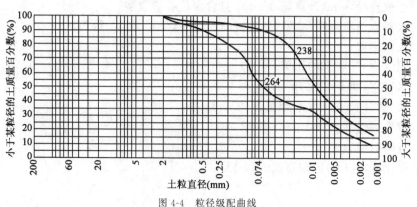

图4-4　粒径级配曲线

如果与筛分法联合分析,应将两段曲线绘成一平滑曲线。

(4)本试验记录格式如表 4-4 所示。

**颗粒分析试验记录(甲种密度计)** 表 4-4

工程名称＿＿＿＿＿＿　　土粒相对密度＿＿＿＿＿＿　　试验者＿＿＿＿＿＿

土样编号＿＿＿＿＿＿　　比重校正值＿＿＿＿＿＿　　计算者＿＿＿＿＿＿

土样说明＿＿＿＿＿＿　　密度计号＿＿＿＿＿＿　　校核者＿＿＿＿＿＿

烘干土质量＿＿＿＿＿＿g　　量筒编号＿＿＿＿＿＿　　试验日期＿＿＿＿＿＿

| 下沉时间 | 悬液温度 | 密度计读数 | 温度校正值 | 分散剂校正值 | 刻度及弯液面校正 | $R$ | $R_H$ | 土粒沉降落距 | 粒径 | 小于某粒径的土质量百分数 |
|---|---|---|---|---|---|---|---|---|---|---|
| $t$(min) | $t$(℃) | $R_m$ | $m_t$ | $C_D$ | $n$ | $R_m+m_t+n-C_D$ | $RC_G$ | $L$(cm) | $d$(mm) | $X$(%) |
|  |  |  |  |  |  |  |  |  |  |  |

## 复习思考题

1.什么土样需要进行洗盐过滤?

2.试比较甲种密度计和乙种密度计的异同点。

# 第五章 土的水理性质

## 第一节 黏性土的界限含水率试验

当黏性土中含水率发生变化时,土的状态就随之而变。如土的含水率由少变多时,土体便从固态(在较小的外力作用下,产生弹性变形为主的变形,当外力超过一定值后,土体发生断裂,体积不随含水率变化而变化)转变为半固态(变形性质类似于固态,但土体体积随含水率减小而减小)、塑态(土体重塑后,在自重作用下,能保持其形状。在外力作用下,将发生持续的塑性变形而不产生断裂,外力消失后,即保持外力消失前那一时刻的形状不变,有一定的抗剪强度),以致成为液态(土体重塑后,在自重作用下不能保持其形状,发生类似于液体的流动现象,同时没有强度),土的体积随之变大。反之,当土的含水率由多变少,土的物理状态出现相反的变化,体积就会缩小。这种状态的变化,是土粒与水相互作用的结果,也表明含水率变化对于黏性土的物理力学性质的影响。1911 年瑞典科学家阿太堡(Atterberg)将土从液态过渡到固态的过程划分为五个阶段,规定了各个界限含水率,称为阿太堡界限。

一定状态的黏性土表现出一定的物理力学性质。表征黏性土的某一含水率下所具有的状态,称为稠度状态。所谓土的稠度状态就是土的软硬状态,工程中常以坚硬、可塑或流塑等术语加以描述。描述这些稠度状态的界限的含水率称为稠度界限,简称为界限含水率。如液性界限、塑性界限和收缩界限,分别简称为液限、塑限和缩限。

应当注意的是,界限含水率的概念是基于土体的结构已被破坏的含义基础之上。

### 一、液限和塑限联合测定法

1. 原理

联合测定的理论依据是圆锥入土深度与相应含水率在双对数坐标上具有直线关系,根据极限平衡理论求得。如图 5-1 所示,设 $P$ 代表圆锥的重力,$h$ 代表土样表面到锥尖的深度,$A$ 代表锥与土接触面积,则沿此表面的极限剪应力等于:

$$\tau = \frac{P\cos\frac{\alpha}{2}}{A} = \frac{P\cos\frac{\alpha}{2}}{\pi r l} = \frac{P\cos^2\frac{\alpha}{2}}{\pi h^2 \tan\frac{\alpha}{2}} = CP/h^2 \qquad (5\text{-}1)$$

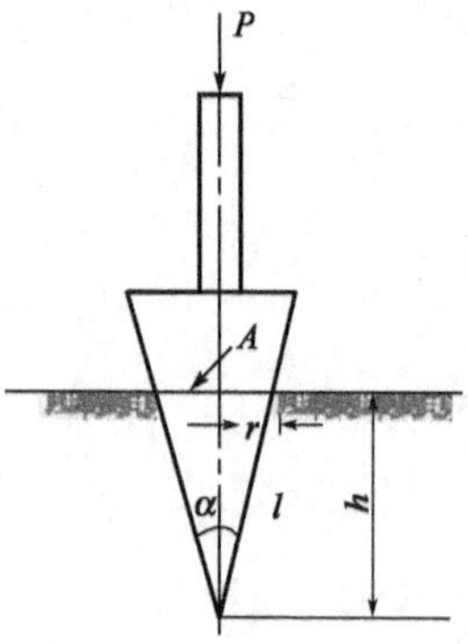

式中:$\alpha$——圆锥的顶角;

$C$——圆锥形状系数。

若圆锥顶角为 $30°$,将上式绘成双对数线,则是一条直线,如

图 5-1 圆锥仪

图 5-2所示。图上绘制了某单位对多种土用小十字板剪力仪和无侧限压缩仪进行的不同的抗剪强度与对应圆锥入土深度试验的结果。从图上看出,理论曲线与试验曲线的特性一致,将上式写成双对数表达式:

$$\lg\tau = C_1 - 2\lg h \tag{5-2}$$

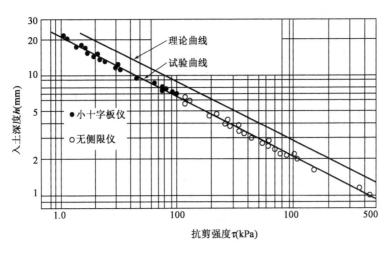

图 5-2 入土深度与抗剪强度的关系

根据已有的试验研究,重塑土无侧限抗压强度$\left(\dfrac{1}{2}q_u\right)$与含水率($w$)也存在对数关系,其表达式为:

$$\lg\tau' = C_2 - m\lg w \tag{5-3}$$

比较两式消去 $\tau$,即得 $h$ 与 $w$ 的关系:

$$\lg h = \frac{m}{2}\lg w + (C_1 - C_2) \tag{5-4}$$

式(5-4)表明入土深度($h$)与含水率($w$)成双对数关系——直线(图 5-3)。

联合测定就是给定三个不同含水率的土样,分别测出圆锥入土深度,找到 $h$-$w$ 关系,从而查出液限,在液限与塑限入土深度关系曲线(图 5-4)中,查出 $h_p$,在图 5-3 上即可查出塑限。

2.目的和适用范围

(1)本试验的目的是联合测定土的液限和塑限,为划分土类,计算天然稠度、塑性指数,供公路工程设计和施工使用。

(2)本试验适用于粒径不大于 0.5mm、有机质含量不大于试样总质量 5%的土。

3.仪器设备

(1)圆锥仪:锥质量为 100g,锥角为 30°,读数显示形式

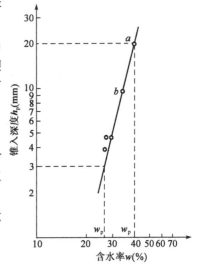

图 5-3 锥入深度与含水率的关系

宜采用光电式、游标式、百分表式。

(2)盛土杯:直径 50mm,深度 40～50mm。

(3)天平:称量 200g,感量 0.01g。

(4)其他:筛(孔径 0.5mm)、调土刀、调土皿、称量盒、研钵(附带橡皮头的研杵或橡皮板、木棒)、干燥器、吸管、凡士林等。

4. 试验步骤

(1)取有代表性的天然含水率或风干土样进行试验,如土中含大于 0.5mm 的土粒或杂物时,应将风干土样用带橡皮头的研杵研碎或用木棒在橡皮板上压碎,过 0.5mm 的筛。

取 0.5mm 筛下的代表性土样 200g,分开放入三个盛土皿中,加不同数量的蒸馏水,土样的含水率分别控制在液限($a$ 点)、略大于塑限($c$ 点)和二者的中间状态($b$ 点)。用调土刀调匀,盖上湿布,放置 18h 以上。测定 $a$ 点的锥入深度应为 20mm±0.2mm。测定 $c$ 点的锥入深度应控制在 5mm 以下。对于砂类土,测定 $c$ 点的锥入深度可大于 5mm。

(2)将制备的土样充分搅拌均匀,分层装入盛土杯,用力压密,使空气逸出。对于较干的土样,应先充分搓揉,用调土刀反复压实。试杯装满后,刮成与杯边齐平。

(3)当用游标式或百分表式液限塑限联合测定仪试验时,调平仪器、提起锥杆(此时游标或百分表读数为零),锥头上涂少许凡士林。

(4)将装好土样的试杯放在联合测定仪的升降座上,转动升降旋钮,待锥尖与土样表面刚好接触时停止升降,扭动锥下降旋钮,同时开动称表,经 5s 时,松开旋钮,锥体停止下落,此时游标读数即为锥入深度 $h_1$。

(5)改变锥尖与土接触位置(锥尖两次锥入位置距离不小于 1cm),重复(3)和(4)步骤,得锥入深 $h_2$,$h_1$、$h_2$ 允许误差为 0.5mm,否则,应重做。取 $h_1$、$h_2$ 平均值作为该点的锥入深度 $h$。

(6)去掉锥尖入土处的凡士林,取 10g 以上的土样两个,分别装入称量盒内,称质量(准确至 0.01g),测定其含水率(计算到 0.1%)。计算含水率平均值 $w$。

(7)重复本试验(2)～(6)步骤,对其他两个含水率土样进行试验,测其锥入深度和含水率。

5. 结果整理

(1)在双对数坐标上,以含水率 $w$ 为横坐标,锥入深度 $h$ 为纵坐标,点绘 $a$、$b$、$c$ 三点含水率的 $h_p$-$w$ 图,如图 5-3 所示。连此三点,应呈一条直线,如三点不在同一直线上,要通过 $a$ 点与 $b$、$c$ 两点连成两条直线,根据液限($a$ 点含水率)在 $h_p$-$w_L$ 图上查得 $h_p$,以此 $h_p$ 再在 $h_p$-$w$ 图上的 $ab$ 及 $ac$ 两直线上求出相应的两个含水率,当两个含水率的差值小于 2% 时,以该两点含水率的平均值与 $a$ 点连成一直线。当两个含水率的差值大于 2% 时,应重做试验。

(2)液限的确定方法:

在 $h_p$-$w$ 图上,查得纵坐标入土深度 $h_p$＝20 所对应的横坐标的含水率 $w$,即为该土样的液限 $w_L$。

(3)塑限的确定方法:

根据本试验求出的液限,通过塑限锥入土深度 $h_p$ 与液限含水率 $w_L$ 的关系曲线图(图 5-4),查得 $h_p$,再由图 5-3 求出入土深度为 $h_p$ 时所对应的含水率,即为该土样的塑限 $w_p$。

6. 试验记录

(1)本试验记录格式如表 5-1 所示。

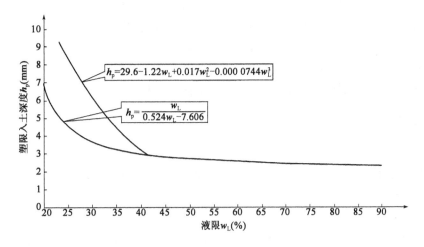

图 5-4　液限与塑限入土深度关系曲线

**液限塑限联合试验记录**　　　　　　　　　　　　　　　　　　表 5-1

工程名称　　×××中桥　　　　　　　　试　验　者　　×××
土样编号　　　1　　　　　　　　　　　计　算　者　　×××
取土深度　　2.5m　　　　　　　　　　　校　核　者　　×××
土样制备　　　　　　　　　　　　　　　试验日期　　2013.7.8

| 试验项目 \ 试验次数 | | 1 | 2 | 3 | |
|---|---|---|---|---|---|
| 入土深度 | $h_1$ | 4.69 | 9.82 | 19.88 | |
| | $h_2$ | 4.73 | 9.78 | 20.12 | |
| | $\frac{1}{2}(h_1+h_2)$ | 4.71 | 9.80 | 20 | $w_P$　$I_P$ |
| 含水率 | 盒号 | | | | 双曲线法 27.2　14.0 |
| | 盒质量(g) | 20.00 | 20.00 | 20.00 | 搓条法　26.2　15.0 |
| | 盒+湿土质量(g) | 26.26 | 27.71 | 30.25 | 液限 $w_L=41.2\%$ |
| | 盒+干土质量(g) | 24.82 | 25.68 | 27.27 | |
| | 水分质量(g) | 1.44 | 2.03 | 2.98 | |
| | 干土质量(g) | 4.82 | 5.68 | 7.27 | |
| | 含水率(%) | 29.9 | 35.7 | 41.0 | |

(2)精密度和允许差。

本试验须进行两次平行测定,取其算术平均值,以整数(%)表示。其允许差值为:高液限土小于或等于2%,低液限土小于或等于1%。

**7.注意事项**

(1)试样制备好坏对液限塑限联合测定的精度具有重要意义。制备试样应均匀、密实。一般制备三个试样。一个要求含水率接近液限(入土深度 20mm±0.2mm),一个要求含水率接近塑限,一个居中。否则,就不容易控制曲线的走向。对于联合测定精度最有影响的是靠近塑限的那个试样。可以先将试样充分搓揉,再将土块紧密地压入容器,刮平,待测。当含水率等于塑限时,对控制曲线走向最有利,但此时试样很难制备,必须充分搓揉,使土的断面上无孔隙存在。为便于操作,根据实际经验含水率可略放宽,以入土深度不大于4～5mm为限。

(2)在抹平盛土杯土样时,注意不要反复刮抹,防止土样表面液化。

## 二、塑限滚搓法

1.目的和适用范围

本试验是按滚搓法测定土的塑限,适用于粒径小于0.5mm以及有机质含量不大于试样总质量5%的土。

2.仪器设备

(1)毛玻璃板:尺寸宜为200mm×300mm;在无毛玻璃板的情况下,也允许用毛橡皮板。

(2)天平:感量0.01g。

(3)其他:烘箱、干燥器、称量盒、调土皿、直径3mm的铁丝等。

3.试验步骤

(1)按试验一中制备试样,一般取土样约50g备用。为在试验前使试样的含水率接近塑限,可将试样在手中捏揉至不粘手为止,或放在空气中稍微晾干。

(2)取含水率接近塑限的试样一小块,先用手搓成椭圆形,然后再用手掌在毛玻璃板上轻轻搓滚。搓滚时须以手掌均匀施压力于土条上,不得将土条在玻璃板上进行无压力的滚动。土条长度不宜超过手掌宽度,且在滚搓时不应从手掌下任一边脱出。土条在任何情况下都不允许产生中空现象。

(3)继续搓滚土条,直至土条直径达3mm时,产生裂缝并开始断裂为止。若土条搓成3mm时仍未产生裂缝及断裂,表示这时试样的含水率高于塑限,则将其重新捏成一团,重新搓滚;如土条直径大于3mm时即行断裂,表示试样含水率小于塑限,应弃去,重新取土加适量水调匀后再搓,直至合格。若土条在任何含水率下始终搓不到3mm即开始断裂,则认为该土无塑性。

(4)收集约3～5g合格的断裂土条,放入称量盒内,随即盖紧盒盖,测定其含水率。

4.结果整理

(1)按式(5-5)计算塑限:

$$w_P = \left(\frac{m_1}{m_2} - 1\right) \times 100 \tag{5-5}$$

式中:$w_P$——塑限,%,计算至0.1;

$m_1$——湿土质量,g;

$m_2$——干土质量,g。

(2)本试验记录格式如表5-2所示。

(3)精密度和允许差。

本试验须进行两次平行测定,取其算术平均值,计算至0.1%。其允许差值为:高液限土小于或等于 2%,低液限土小于或等于 1%。

**塑限滚搓法试验记录**　　　　　　　表 5-2

工程编号　　×××中桥　　　　　　　试验者　　×××

土样说明　　　　　　　　　　　　　计算者　　×××

试验日期　　2013.7.8　　　　　　　校核者　　×××

| 盒　　号 | | | |
|---|---|---|---|
| 盒质量(g) | ① | 20 | 20 |
| 盒+湿土质量(g) | ② | 39.99 | 40.63 |
| 盒+干土质量(g) | ③ | 36.48 | 36.98 |
| 水分质量(g) | ④=②-③ | 3.51 | 3.65 |
| 干土质量(g) | ⑤=③-① | 16.48 | 16.98 |
| 塑限含水率(%) | ⑥=④/⑤ | 21.3 | 21.5 |
| 平均塑限含水率(%) | ⑦ | 21.4 | |

### 三、缩限试验

1.目的和适用范围

土的缩限是扰动的黏质土在饱和状态下,因干燥收缩至体积不变时的含水率。本试验适用于粒径小于 0.5mm 和有机质含量不超过 5% 的土。

2.仪器设备

(1)收缩皿:直径 4.5~5cm,高 2~3cm。

(2)天平:感量 0.01g。

(3)电热恒温烘箱或其他含水率测定装置。

(4)蜡、烧杯、细线、针。

(5)卡尺:分度值 0.02mm。

(6)其他:制备含水率大于液限的土样所需的仪器。

3.试验步骤

(1)制备土样:取具有代表性的土样,制备成含水率大于液限的土膏。

(2)在收缩皿内涂一薄层凡士林,将土样分层装入皿内,每次装入后将皿底拍击试验台,直至驱尽气泡为止。

(3)土样装满后,用刀或直尺刮去多余土样,立即称收缩皿加湿土质量。

(4)将盛满土样的收缩皿放在通风处风干,待土样颜色变淡后,放入烘箱中烘至恒量,然后放在干燥器中冷却。

(5)称收缩皿和干土总质量,准确至 0.01g。

(6)用蜡封法测定试样体积。

4.结果整理

(1)含水率达液限的土在 105~110℃ 下水分继续蒸发至体积不变时的含水率,叫做缩限,用式(5-6)计算。

$$w_s = w - \frac{V_1 - V_2}{m_s} \times \rho_w \times 100 \qquad (5-6)$$

式中：$w_s$——缩限，%，计算至 0.1；

  $w$——试验前试样含水率，%；

  $V_1$——湿试件体积（即收缩皿体积），$cm^3$；

  $V_2$——干试件体积，$cm^3$；

  $m_s$——干试件质量，g；

  $\rho_w$——水的密度，等于 $1g/cm^3$。

（2）收缩指数：液限与缩限之差称收缩指数。按式(5-7)计算：

$$I_s = w_L - w_s \qquad (5-7)$$

式中：$I_s$——收缩指数，%，计算至 0.1；

  $w_L$——土的液限，%。

（3）本试验记录格式如表5-3所示。

扰动土收缩试验记录 表 5-3

工程编号　　X209　　　　　　　　　　试验者　　×××

土样说明　　2标路基土　　　　　　　　计算者　　×××

试验日期　　2013.6.8　　　　　　　　校核者　　×××

| 室内编号 | | | | | |
|---|---|---|---|---|---|
| 收缩皿编号 | | | | | |
| 液限 | （%） | $w_L$ | 50.0 | | |
| 皿＋湿土质量 | （g） | $m_1$ | 118.4 | 119.9 | |
| 皿＋干土质量 | （g） | $m_2$ | 99.1 | 100.0 | |
| 皿质量 | （g） | $m_3$ | 62 | 62 | |
| 含水率 | （%） | $w=\frac{m_1-m_2}{m_2-m_3}\times100$ | 51.9 | 52.3 | |
| 皿的容积 | （$cm^3$） | $V_1$ | 39.97 | 41.17 | |
| 干土体积 | （$cm^3$） | $V_2$ | 24.5 | 25.1 | |
| 缩限平均值 | （%） | $w_s=w-\frac{V_1-V_2}{m_2-m_3}\rho_w\times100$ | 10.2 | 10.0 | |
| | | | 10.1 | | |
| 收缩指数 | | $I_s=w_L-w_s$ | 39.9 | | |

（4）精密度和允许差。

本试验须进行两次平行测定，取其算术平均值，计算至 0.1%。其允许差值为：高液限土小于或等于 2%，低液限土小于或等于 1%。

5. 注意事项

（1）收缩皿直径最好大于高度，以便于蒸发干透，也可用液限试验杯代替。但环刀是不适宜的，因它不便振动排气，不便挤压，同时环刀与玻璃杯之间容易跑水流土。

（2）分层装填试样时，要注意不断挤压拍击，以充分排气。否则，不符合体积收缩等于水分减少的基本假定，而使计算结果失真。

**复习思考题**

1. 搓条法测定土的塑限有哪些不足?
2. 液塑限联合测定仪测定土的液塑限有哪些优点?
3. 液塑限的工程意义是什么?

# 第二节　土的渗透试验

渗透是液体在多孔介质中运动的现象。这一现象表达的定量指标是渗透系数。土的渗透性是由于土颗粒骨架之间存在连通的孔隙结构,构成了水的运移通道,土中自由水在重力作用下,通过土颗粒骨架的孔隙运动,使土体所具有的一种水力学特性。它是土力学和土体工程所涉及研究解决的三大问题(强度问题、稳定问题和渗透问题)之一。土中孔隙水的运动和孔隙水压力的变化,常常是影响土的各种力学性质及控制各种土工建筑物设计与施工的重要因素。

选用何种方法来测定土的渗透系数,应根据土样的渗透性大小来确定采用常水头法或变水头法。因两种方法的测试原理不同,故效果各异。对弱透水性的土样,用常水头法不能准确地量测出水量;而对强透水性的土样,用变水头法由于水头下降动过快,无法得到满意的结果。在一般情况下,常水头法适用于渗透系数($k$)大于 $10^{-4}$ cm/s 的土,变水头法适用于渗透系数($k$)为 $10^{-4} \sim 10^{-7}$ cm/s 的土。

## 一、常水头渗透试验(砂性土)

1. 目的和适用范围

(1)本试验方法适用于砂类土和含水率砾石的无黏性土。

(2)试验用水应采用实际作用于土的天然水。如有困难,允许用蒸馏水或一般经过滤的清水,但试验前必须用抽气法或煮沸法脱气。试验时水温宜高于试验室温度 $3 \sim 4$ ℃。

2. 原理

根据土的渗透规律——达西定律,水在层流状态时,水在土中的渗透速度 $v$ 与水力坡降 $i$ 成正比,即

$$v = ki \quad 或 \quad q = kiA \tag{5-8}$$

式中：$v$——渗透速度,cm/s;

　　　$k$——渗透系数,cm/s;

　　　$i$——比例常数,为水力坡降;

　　　$q$——渗透流量,cm³/s;

　　　$A$——垂直于渗透方向土的截面积,cm²。

则,$k = \dfrac{q}{Ai}$。

3. 仪器设备

(1)常水头渗透仪(70 型渗透仪):如图 5-5 所示,其中有封底圆筒高 40cm,内径 10cm;金

属孔板距筒底 6cm。有三个测压孔,测压孔中心间距 10cm,与筒边连接处有铜丝网;玻璃测压管内径为 0.6cm,用橡皮管与测压孔相连。

(2)其他:木锤、秒表、天平等。

4.试验步骤

(1)按图 5-5 将仪器装好,接通调节管和供水管,使水流到仪器底部,水位略高于金属孔板,关止水夹。

(2)取具有代表性土样 3～4kg,称量,准确至 1.0g,并测其风干含水率。

(3)将土样分层装入仪器,每层厚 2～3cm,用木锤轻轻击实到一定厚度,以控制孔隙比。如土样含黏粒比较多,应在金属孔板上加铺约 2cm 厚的粗砂作为缓冲层,以防细粒被水冲走。

(4)每层试样装好后,慢慢开启止水夹,水由筒底向上渗入,使试样逐渐饱和。水面不得高出试样顶面。当水与试样顶面齐平时,关闭止水夹。饱和时水流不可太急,以免冲动试样。

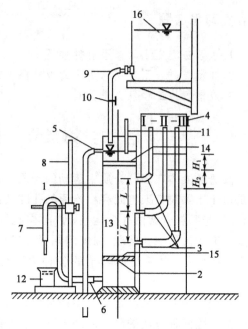

图 5-5 常水头试验装置

1-金属圆筒;2-金属孔板;3-测压孔;4-测压管;5-溢水孔;6-渗水孔;7-调节管;8-滑动支架;9-供水管;10-止水夹;11-温度计;12-量杯;13-试样;14-砾石层;15-铜丝网;16-供水瓶

(5)如此分层装入试样、饱和,至高出测压孔 3～4cm 为止,量出试样顶面至筒顶高度,计算试样高度,称剩余土质量,准确至 0.1g,计算装入试样总质量。在试样上面铺 1～2cm 砾石作缓冲层,放水,至水面高出砾石层 2cm 左右时关闭止水夹。

(6)将供水管和调节管分开,将供水管转入圆筒内,开启止水夹,使水由圆筒上部注入,至水面与滴水孔齐平为止。

(7)静置数分钟,检查各测压管水位是否与溢水孔齐平,如不齐平,说明仪器有集气或漏气,需挤压测压管上的橡皮管,或用吸球在测压管上部将集气吸出,调至水位齐平为止。

(8)降低调节管的管口位置,水即渗过试样,经调节管流出。此时调节止水夹,使进入筒内的水量多于渗出水量,溢水孔始终有余水流出,以保持筒中水面不变。

(9)测压管水位稳定后,测记水位,计算水位差。

(10)开动秒表,同时用量筒接取一定时间的渗透水量,并重复一次。接水时,调节管出水口不浸入水中。

(11)测记进水和出水处水温,取其平均值。

(12)降低调节管管口至试样中部及下部 1/3 高度处,改变水力坡降 $\dfrac{H}{L}$,重复第(8)～(11)步骤进行测定。

5.结果整理

(1)按式(5-9)、式(5-10)计算干密度及孔隙比:

$$\rho_{d} = \frac{m_{s}}{Ah} \tag{5-9}$$

$$e = \frac{G_{s}}{\rho_{d}} - 1 \tag{5-10}$$

$$m_{s} = \frac{m}{1 + w_{h}} \tag{5-11}$$

式中：$\rho_{d}$——干密度，$g/cm^3$，计算至 0.01；

　　$e$——试样孔隙比，计算至 0.01；

　　$m_{s}$——试样干质量，$g$；

　　$m$——风干试样总质量，$g$；

　　$w_{h}$——风干含水率，$\%$；

　　$A$——试样断面积，$cm^2$；

　　$h$——试样高度，$cm$；

　　$G_{s}$——土粒比重。

（2）按式（5-12）计算渗透系数：

$$k_{t} = \frac{QL}{AHt} \tag{5-12}$$

式中：$k_{t}$——水温 $t$℃时试样渗透系数，$cm/s$，计算至三位有效数字；

　　$Q$——时间 $t$ 内的渗透水量，$cm^3$；

　　$L$——两测压孔中心之间的试样高度（等于测压孔中心间距：$L=10cm$）；

　　$A$——试样的过水面积，$cm^2$；

　　$H$——平均水位差，$H=\dfrac{H_1 + H_2}{2}$，$cm$；

　　$t$——时间，$s$；

其他符号意义同上。

（3）标准温度下的渗透系数按式（5-13）计算：

$$k_{20} = k_{t} \frac{\eta_{t}}{\eta_{20}} \tag{5-13}$$

式中：$k_{20}$——标准水温（20℃）时试样的渗透系数，$cm/s$，计算至三位有效数字；

　　$\eta_{t}$——$t$℃时水的动力黏滞系数，$kPa \cdot s$；

　　$\eta_{20}$——20℃时水的动力黏滞系数，$kPa \cdot s$；

　　$\eta_{t}/\eta_{20}$——黏滞系数比，见表 5-4。

（4）根据需要，可在半对数坐标纸上绘制以孔隙比为纵坐标，渗透系数为横坐标的 $e$-$k$ 关系曲线。

（5）本试验记录格式如表 5-5 所示。

（6）精密度和允许差。

一个试样多次测定时，应在所测结果中取 3～4 个允许差值符合规定的测值，求平均值，作为该试样在某孔隙比 $e$ 时的渗透系数。允许差值不大于 $2 \times 10^{-n}$。

水的动力黏滞系数 $\eta_t$、黏滞系数比 $\eta_t/\eta_{20}$

表 5-4

| 温度 $t$（℃） | 动力黏滞系数 $\eta_t(10^{-6}\text{kPa·s})$ | $\eta_t/\eta_{20}$ | 温度 $t$（℃） | 动力黏滞系数 $\eta_t(10^{-6}\text{kPa·s})$ | $\eta_t/\eta_{20}$ |
|---|---|---|---|---|---|
| 10.0 | 1.310 | 1.297 | 20.0 | 1.010 | 1.000 |
| 10.5 | 1.292 | 1.279 | 20.5 | 0.998 | 0.988 |
| 11.0 | 1.274 | 1.261 | 21.0 | 0.986 | 0.976 |
| 11.5 | 1.256 | 1.243 | 21.5 | 0.974 | 0.964 |
| 12.0 | 1.239 | 1.227 | 22.0 | 0.963 | 0.953 |
| 12.5 | 1.223 | 1.211 | 22.5 | 0.952 | 0.943 |
| 13.0 | 1.206 | 1.194 | 23.0 | 0.941 | 0.932 |
| 13.5 | 1.190 | 1.178 | 23.5 | 0.930 | 0.921 |
| 14.0 | 1.175 | 1.163 | 24.0 | 0.920 | 0.910 |
| 14.5 | 1.160 | 1.148 | 24.5 | 0.909 | 0.900 |
| 15.0 | 1.144 | 1.133 | 25.0 | 0.899 | 0.890 |
| 15.5 | 1.130 | 1.119 | 25.5 | 0.889 | 0.880 |
| 16.0 | 1.115 | 1.104 | 26.0 | 0.879 | 0.870 |
| 16.5 | 1.101 | 1.090 | 26.5 | 0.869 | 0.861 |
| 17.0 | 1.088 | 1.077 | 27.0 | 0.860 | 0.851 |
| 17.5 | 1.074 | 1.066 | 27.5 | 0.850 | 0.842 |
| 18.0 | 1.061 | 1.050 | 28.0 | 0.841 | 0.833 |
| 18.5 | 1.048 | 1.038 | 28.5 | 0.832 | 0.824 |
| 19.0 | 1.035 | 1.025 | 29.0 | 0.823 | 0.815 |
| 19.5 | 1.022 | 1.012 | 29.5 | 0.814 | 0.806 |

**常水头渗透试验记录（砂性土）**

表 5-5

工程名称＿＿＿＿＿　　仪器编号＿＿＿＿＿　　试样高度　$h=30\text{cm}$　　孔隙比　$e=0.95$

试验者　×××　　　土样编号＿＿＿＿＿　　测压孔间距　$L=10\text{cm}$　　试样干质量　$m_s=3200\text{g}$

计算者＿＿＿＿＿　　校核者＿＿＿＿＿　　土样说明＿＿＿＿＿　　试样断面积　$A=78.5\text{cm}^2$

土粒比重　$G_s=2.65$　　试验日期　2013.6.9

| 试验次数 | 经过时间 $t$(s) | 测压管水位 1管 (cm) | 测压管水位 2管 (cm) | 测压管水位 3管 (cm) | 水位差 $H_1$ | 水位差 $H_2$ | 水位差 平均 $H$ | 水力坡降 $J$ | 渗透水量 $Q$ (cm³) | 渗透系数 $k_t$ (cm/s) | 平均水温 $t$ (℃) | 校正系数 $\eta_t/\eta_{20}$ | 水温20℃时渗透系数 $k_{20}$ (cm/s) | 平均渗透系数 $\bar{k}_{20}$ |
|---|---|---|---|---|---|---|---|---|---|---|---|---|---|---|
| (1) | (2) | (3) | (4) | (5) | (6) | (7) | (8) | (9) | (10) | (11) | (12) | (13) | (14) | (15) |
| | | | | | (3)−(4) | (4)−(5) | $\frac{(6)+(7)}{2}$ | $\frac{(8)}{(10)}$ | | $\frac{(10)}{A\times(9)\times(2)}$ | | | (11)×(13) | $\frac{\sum(14)}{n}$ |
| 1 | 518 | 45.0 | 43.0 | 41.0 | 2.0 | 2.0 | 2.0 | 0.20 | 110 | 0.0135 | 13.5 | 1.176 | 0.0159 | |
| 2 | 520 | 45.0 | 43.0 | 41.0 | 2.0 | 2.0 | 2.0 | 0.20 | 111 | 0.0135 | 13.5 | 1.176 | 0.0159 | |
| 3 | 200 | 43.8 | 39.4 | 35.0 | 4.4 | 4.4 | 4.4 | 0.44 | 92 | 0.0135 | 13.5 | 1.176 | 0.0159 | |
| 4 | 200 | 43.6 | 39.2 | 34.8 | 4.4 | 4.4 | 4.4 | 0.44 | 93 | 0.0135 | 13.5 | 1.176 | 0.0159 | 0.016 |
| 5 | 125 | 44.3 | 36.5 | 28.7 | 7.8 | 7.8 | 7.8 | 0.78 | 105 | 0.0137 | 13.5 | 1.176 | 0.0161 | |
| 6 | 125 | 44.3 | 36.5 | 28.7 | 7.8 | 7.8 | 7.8 | 0.78 | 105 | 0.0137 | 13.5 | 1.176 | 0.0161 | |

#### 二、变水头渗透试验（黏性土）

1. 目的和适用范围

(1)测定细粒土的渗透系数。

(2)试验应采用蒸馏水,试验前用抽气法或煮沸法进行脱气。试验时的水温,宜高于室温3~4℃。

2. 原理

黏性土的透水性与砂土不同,它不服从达西定律,其渗透系数 $K$ 与水力坡度 $I$ 成曲线关系,即 $v=k(I-I_0)$ 或 $Q=kA(I-I_0)t$。

对同一黏性土的而言,$I_0$ 不是定值,它随 $I$ 增大而增大。

由于黏性土的渗透系数很小,所以黏性土的渗透试验采用断面积很小的玻璃管作供水水源(兼作测压管),用较大的过水断面(试样断面)、较短的过水距离(试样厚度)和较大的水头,这样通过黏性土的微量水就可以根据测压管中水位下降距离测出来,从此,便可计算出渗透系数 $K$,本试验采用变水头负压式装置,即南55型渗透仪。

3. 仪器设备

(1)渗透容器:见图5-6,由环刀、透水石、套环、上盖和下盖组成。环刀内径 61.8mm,高 40mm;透水石的渗透系数应大于 $10^{-3}$ cm/s。

(2)变水头装置:由温度计(分度值0.2℃)、渗透容器、变水头管、供水瓶、进水管等组成(图5-7)。

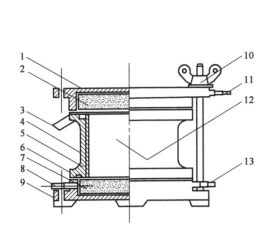

图 5-6　渗透容器

1-上盖;2-透水石;3-橡皮圈;4-环刀;5-盛土筒;6-橡皮圈;7-透水石;8-排气孔;9-下盖;10-固定螺杆;11-出水孔;12-试样;13-进水孔

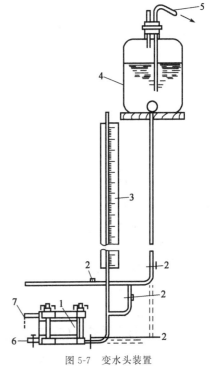

图 5-7　变水头装置

1-透水石;2-进水管夹;3-变水头管;4-供水瓶;5-接水源管;6-排气水管;7-出水管

变水头管的内径应均匀,管径不大于1cm,管外壁应有最小分度为1.0mm的刻度,长度宜为2m左右,如图5-7所示。

(3)其他:切土器、温度计、削土刀、秒表、钢丝锯、凡士林。

4.试样制备

按细粒土扰动土样的制备规定制备试样,并测定其含水率和密度。

用原状土试样试验时,可根据需要用环刀垂直或平行于土样层面切取;用扰动土样试验时,可按击实法制备试样,两者均须进行充水饱和。

5.试验步骤

(1)将装有试样的环刀装入渗透容器,用螺母旋紧,要求密封至不漏水不漏气。对不易透水的试样,进行抽气饱和;对饱和试样和较易透水的试样,直接用变水头装置的水头进行饱和。

(2)将渗透容器的进水口与变水头管连接,利用供水瓶中的纯水向进水管注满水,并渗入渗透容器,开排气阀,放平渗透容器,关进水管夹。

(3)向进水头管注纯水,使水升至预定高度,水头高度根据试样结构的疏松程度确定,一般不应大于2m,待水位稳定后切断水源,开进水管夹,使水通过试样。当出水口有水溢出时开始测记变水头管中起始水头高度和起始时间,按预定时间间隔测记水头和时间的变化,并测记出水口的温度,准确至0.2℃。

(4)将变水头管中的水位变换高度,待水位稳定再进行测记水头和时间变化,重复试验5~6次。当不同开始水头测定的渗透系数在允许差值范围内时,结束试验。

6.结果整理

(1)按式(5-14)、式(5-15)计算干密度及孔隙比:

$$\rho_d = \frac{m_s}{Ah} \tag{5-14}$$

$$e = \frac{G_s}{\rho_d} - 1 \tag{5-15}$$

$$m_s = \frac{m}{1 + w_h} \tag{5-16}$$

式中:$\rho_d$——干密度,g/cm³,计算至0.01;

$\quad e$——试样孔隙比,计算至0.01;

$\quad m_s$——试样干质量,g;

$\quad m$——风干试样总质量,g;

$\quad w_h$——风干含水率,%;

$\quad A$——试样断面积,cm²;

$\quad h$——试样高度,cm;

$\quad G_s$——土粒比重。

(2)变水头渗透系数按式(5-17)计算:

$$k_t = 2.3 \frac{aL}{A(t_2 - t_1)} \lg \frac{H_1}{H_2} \tag{5-17}$$

式中:$k_t$——水温$t$℃时试样渗透系数,cm/s,计算至三位有效数字;

$\quad a$——变水头管的内径面积,cm²;

$L$——渗径,即两测压孔中心之间的试样高度;

$H_1$、$H_2$——起始和终止水头;

$t_1$、$t_2$——测读水头的起始和终止时间,s;

$A$——试样断面积,$cm^2$。

(3)标准温度下的渗透系数按式(5-18)计算:

$$k_{20} = k_t \frac{\eta_t}{\eta_{20}} \tag{5-18}$$

式中:$k_{20}$——标准水温(20℃)时试样的渗透系数,cm/s,计算至三位有效数字;

$\eta_t$——$t$℃时水的动力黏滞系数,kPa·s;

$\eta_{20}$——20℃时水的动力黏滞系数,kPa·s;

$\eta_t/\eta_{20}$——黏滞系数比,见表5-4。

(4)根据需要,可在半对数坐标纸上绘制以孔隙比为纵坐标,渗透系数为横坐标的 $e$-$k$ 关系曲线。

(5)本试验记录格式如表5-6所示。

(6)精密度和允许差。

一个试样多次测定时,应在所测结果中取 3~4 个允许差值符合规定的测值,求平均值,作为该试样在某孔隙比 $e$ 时的渗透系数。允许差值不大于 $2 \times 10^{-n}$。

变水头渗透试验记录 表 5-6

工程名称 _____ 仪器编号 _____ 试样高度 $h_i = 4$ cm

试验者 ××× 土样编号 _____ 测压管面积 $a = 0.224 cm^2$

孔隙比 $e = 0.721$ 计算者 ××× 土样说明 粉性土(原状)

试样断面积 $A = 30 cm^2$ 土粒比重 $G_s = 2.65$ 校核者 ××× 试验日期 2013.6.9

| 历时 $t$ | | | 开始水头 $H_1$ (cm) | 终了水头 $H_2$ (cm) | $2.3 \frac{aL}{At}$ (cm/s) | $\lg \frac{H_1}{H_2}$ | 平均水温 $t$ (℃) | 水温 $t$℃ 时渗透系数 $k_t$ (cm/s) | 校正系数 $\eta_t/\eta_{20}$ | 水温 20℃ 时渗透系数 $k_{20}$ (cm/s) | 平均渗透系数 $\overline{k_{20}}$ |
|---|---|---|---|---|---|---|---|---|---|---|---|
| 开始 $t_1$ (日时分) | 终了 $t_2$ (日时分) | 历时 $t$ (s) | | | | | | | | | |
| ① | ② | ③ | ④ | ⑤ | ⑥ | ⑦ | ⑧ | ⑨ | ⑩ | ⑪ | ⑫ |
| | | ②－① | | | | | | | ⑨×⑩ | | $\frac{\sum ⑫}{n}$ |
| 4830 | 4831 | 60 | 160 | 125 | $1.15\times10^{-3}$ | 0.1072 | 9 | $1.23\times10^{-4}$ | 1.334 | $1.65\times10^{-4}$ | |
| 4831 | 4832 | 60 | 160 | 125 | $1.15\times10^{-3}$ | 0.1072 | 9 | $1.23\times10^{-4}$ | 1.334 | $1.65\times10^{-4}$ | |
| 4832 | 4833 | 60 | 160 | 126 | $1.15\times10^{-3}$ | 0.1038 | 9 | $1.19\times10^{-4}$ | 1.334 | $1.59\times10^{-4}$ | |
| 4833 | 4834 | 60 | 160 | 126 | $1.15\times10^{-3}$ | 0.1038 | 9 | $1.19\times10^{-4}$ | 1.334 | $1.59\times10^{-4}$ | $1.59\times10^{-4}$ |
| 4834 | 4835 | 60 | 160 | 126 | $1.15\times10^{-3}$ | 0.1038 | 9 | $1.19\times10^{-4}$ | 1.334 | $1.59\times10^{-4}$ | |
| 4835 | 4836 | 60 | 160 | 127 | $1.15\times10^{-3}$ | 0.1003 | 9 | $1.15\times10^{-4}$ | 1.334 | $1.54\times10^{-4}$ | |
| 4836 | 4837 | 60 | 160 | 127 | $1.15\times10^{-3}$ | 0.1003 | 9 | $1.15\times10^{-4}$ | 1.334 | $1.54\times10^{-4}$ | |

**复习思考题**

1. 常水头渗透试验的目的和适用范围是什么？
2. 该试验测定时，多个数据有测值允许差值是多少？
3. 变水头渗透试验的目的和适用范围是什么？
4. 变水头渗透试验中如何实现变水头？

# 第三节　土的毛细上升高度试验

由于土中存在着大小不同的孔隙，当土粒间孔隙形成细小的不同通道时，由于水的表面张力作用，在土中引起了毛细现象，微管道中的水被称为毛细管水。在水与空气的分界面上形成了弯液面，表面张力的反力会使土粒挤紧，这个力称为毛细力。

卵砾石组成的土(2mm 以上的颗粒)，孔隙通道大，就没有毛细现象。只有砂土，尤其是细砂和粉砂才表现有明显的毛细现象。完全干燥的砂土是松散的，但当其有了一定含水率时，毛细作用就会在砂粒间引起毛细压力，因而砂粒间表现出互相黏着的能力。

土的毛细管水上升高度是水在土孔隙中因毛细作用而上升的最大高度。土中毛细管现象是由于土粒与水分子之间的相互吸引力以及水的表面张力而产生的。

毛细管作用使土中自由水从自由水面通过土的微小通道逐渐上升。其上升高度和速度取决于土的孔隙、有效粒径、土孔隙中吸附空气和水的性质以及温度等，可用试验方法测定。一般来说，这个高度对于卵石为零至几厘米；对砂土则在数十厘米之间；对黏土可达数百厘米。

## 一、原理

评价土的毛细性的指标有毛细管水上升高度和毛细水上升速度等。

水在毛细管中上升的原因，主要是液体的表面由于内聚力的作用总是期望缩小至最小面积，这种趋势使得弯液面总是期望向水平发展。但是，当弯液面的中心部分上升一点，固体与液体表面的浸湿力又立即将弯液面的边缘牵引向上，这就一方面使毛细水上升，另一方面也试图保持弯液面的存在，这种相互斗争直到毛细水上升所形成的水柱重量与浸湿力相平衡时才停止，此时毛细管水上升达到最大高度。

实际上通常的毛细管水头，对公路路基影响不大，而对路基产生危害作用的主要是强烈毛细管水上升高度。由于毛细作用，常在地下水位以上形成一个湿润的毛细水带，在该带内土的湿度增大，从而影响土的性质和危及建筑物地基的稳定性，造成土壤盐渍化等。

目前测定毛细管水上升高度，大多采用直接观测法，并按土的塑限值从上升高度与含水率的关系曲线上查出强烈毛细管水上升高度。以塑限作为强烈毛细管水上升高度的上限，是因为含水率小于塑限时，毛细管水对路基不产生危害。

## 二、目的和适用范围

本试验目的是测定土的毛细管水上升高度和速度，用于估计地下水位升高时路基被浸湿的可能性和浸湿的程度。结合道路工程的特点，本试验采用直接观测法。并适用于确定对道路发生危害的路基土的强烈毛细管水上升高度,即在含水率与上升高度的关系曲线上,取含水率等于塑限时的下部高度为强烈毛细管水上升高度。

### 三、仪器设备

(1)毛细管试验仪:包括试验架、有机玻璃试验管、有机玻璃盛水筒、特制挂簧及挂绳等。

有机玻璃管内径 4.0～4.5cm、壁厚 3mm 左右,每 10cm 开一直径 10mm 的小洞,洞口配有能拧紧的有机玻璃小盖,下端和有机玻璃底座用丝扣相接,距零点 1cm 处开一排气小孔。管顶有可以通气的铝盖。底座上配有橡皮垫圈和铜丝网。若两根管相接,还有连接接口和螺栓。用特制弹簧保证盛水下降时水面高度始终保持不变,如图 5-8 所示。

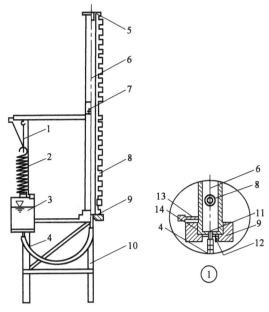

图 5-8　毛细管试验仪

1-挂绳;2-特制弹簧;3-盛水筒;4-塑料管;5-铝盖;6-有机玻璃土样管;7-接口;8-φ10mm 小洞及螺盖;9-底座(见①);10-试验架;11-铜丝网;12-多孔圆铜板;13-排气孔;14-橡胶垫圈

(2)其他:天平(感量 0.01g)、烘箱、漏斗、捣棒等。

### 四、试验步骤

(1)装好毛细管试验仪,将底座的垫圈和铜丝网垫好,然后与有机玻璃管拧紧,同时将管上排气孔和小孔全部拧上盖。

(2)取具有代表性的风干土样 5kg 左右(每个管需土 2.0～2.5kg),用漏斗分数次装入有机玻璃管中,并用捣棒不断振捣,使其密实度均匀。当装满一根管后,若需要继续拼接时,用胶布将两管包好,外用接口接上,拧紧固定螺栓,继续将土样装入,同时边用捣棒振捣,直至装满为止。顶端盖上铝盖。

(3)将有机玻璃管放入装好的试验架上,固定管身,使其垂直。

(4)将盛水筒装满水,盖上盖子,拧上弹簧,接上塑料管,挂上挂绳。

(5)用水平尺控制盛水筒水面比有机玻璃管零点高出 0.5～1.0cm,然后固定挂绳于挂钩上,这时筒内水面高度将始终保持不变。

(6)接通塑料管和有机玻璃管底部的接口,然后开启排气小孔,使空气排出,直到孔内有水流出时,拧紧螺帽。

(7)从小孔有水排出时计起,经 30min、60min,以后每隔数小时,根据管中土的颜色,测记该时的毛细管水上升高度,直到上升稳定为止。

(8)若需要了解强烈毛细管水上升高度,可将筒壁小洞盖打开,依次用小勺取出土样,测其含水率。

### 五、结果整理

(1)在半对数纸上,以毛细管水上升高度 $h$ 为纵坐标,以时间 $t$ 为横坐标,绘制毛细管水上升高度 $h$ 与时间 $t$ 的关系曲线,如图 5-9 所示。

$h$-$t$ 的关系曲线一般近似抛物线,可按式(5-19)表达:

$$h = \sqrt[n]{mt} \tag{5-19}$$

式中:$n$、$m$——试验常数,用最小二乘法求得。

(2)另绘制毛细管水上升高度 $h$ 与含水率 $w$ 的关系曲线,如图 5-10 所示。在横坐标上找出含水率等于该土塑限之点,从该点引垂线,交曲线于 $A$ 点,再由 $A$ 点引水平线,交纵坐标于 $B$ 点。$B$ 点的纵坐标即代表该土的强烈毛细管水上升高度 $h_c$。

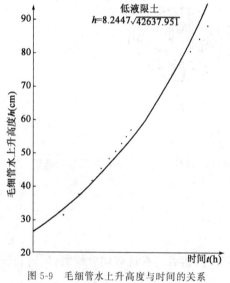

图 5-9 毛细管水上升高度与时间的关系

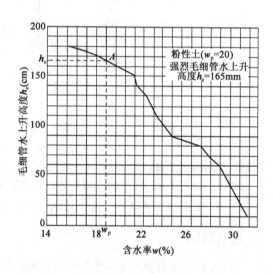

图 5-10 毛细管水上升高度与含水率的关系

(3)试验记录格式如表 5-7 所示。

根据毛细管水上升高度与时间的关系曲线,可用最小二乘法求得曲线的类型,并可估算毛细管水上升的平均速度。

### 六、注意事项

对于试验需时较长的土(如黏性土),可适当放宽观测时间,在中后期可以天数计,提高盛水筒水头,可缩短观测时间,根据工程要求,装土样于试验管中时,可采用风干土样,或按最佳含水率加水,拌匀分层捣实。

**强烈毛细管水上升高度试验记录**　　　　　　　　　　　表 5-7

土样编号＿＿＿＿＿＿　　　　土样说明＿＿＿＿＿＿　　　　仪器编号＿＿＿＿＿＿

计 算 者＿×××＿　　　　　校 核 者＿×××＿　　　　　试验日期　2013.9.12

| 读数时间 | 日 | 时 | 分 | 日 | 时 | 分 | 日 | 时 | 分 | 日 | 时 | 分 | 日 | 时 | 分 | 日 | 时 | 分 | 日 | 时 | 分 |
|---|---|---|---|---|---|---|---|---|---|---|---|---|---|---|---|---|---|---|---|---|---|
| 读数时间 | 5 | 9 | 0 | | 9 | 30 | | 10 | 30 | | 12 | 30 | | 15 | 30 | | 19 | 30 | | 23 | 30 |
| 毛细管水上升高度（cm） | 20 | | | 40 | | | 60 | | | 80 | | | 100 | | | 120 | | | 140 | | |
| 含水率（%） | 34.3 | | | 33.2 | | | 30.7 | | | 27.0 | | | 26.2 | | | 24.8 | | | 23.2 | | |

## 复习思考题

1.什么是毛细管上升高度?

2.如何估算强烈毛细管水上升高度和毛细管水上升速度?

3.毛细水对公路工程有什么危害?

# 第六章　土的力学性质试验

## 第一节　土的击实试验

### 一、定义

用标准击实试验方法,在一定夯击功能下测定各种细粒土、含砾土等的含水率与干密度的关系。用锤击的方法,使土体密度得以增大到最佳程度。但土在一定击实效应下,因其含水率不同,密实度也不相同,在工程实践中常把最能符合工程技术要求的、使土体能获得最大密实状态的含水率,称为最佳含水率,而此时土体的干密度称为最大干密度。

方法有两种:即轻型、重型击实试验。采用哪种方法,应根据有关规范的规定或工程、科学试验的实际需要选定。在一般情况下,可采用干法,即加水法。土允许重复使用,对容易击碎的试料(如风化石质土、粉煤灰等)不宜重复使用。对于高含水率的土,试料的干燥处理往往影响试验结果,在这种情况下,宜采用湿法,即减水法(让采集的至少 5 个试样分别风干至不同含水状态)。轻型、重型击实试验方法和设备的主要参数见表 6-1,各种试验类型试料用量按表 6-2 规定准备。本节内容主要参照部颁规程,虽然国标与部颁规程在一些数据上有一定出入,但试验方法基本相同,需要时可参照国标,在此不多叙述。

击实试验方法与种类　　表 6-1

| 试验方法 | 类别 | 锤底直径 (cm) | 锤质量 (kg) | 落高 (cm) | 试筒尺寸 内径 (cm) | 试筒尺寸 高 (cm) | 试样尺寸 高度 (cm) | 试样尺寸 体积 (cm³) | 层数 | 每层击数 | 击实功 (kJ/m³) | 最大粒径 (mm) |
|---|---|---|---|---|---|---|---|---|---|---|---|---|
| 轻型 | I-1 | 5 | 2.5 | 30 | 10 | 12.7 | 12.7 | 997 | 3 | 27 | 598.2 | 20 |
|  | I-2 | 5 | 2.5 | 30 | 15.2 | 17 | 12 | 2177 | 3 | 59 | 598.2 | 40 |
| 重型 | II-1 | 5 | 4.5 | 45 | 10 | 12.7 | 12.7 | 997 | 5 | 27 | 2687.0 | 20 |
|  | II-2 | 5 | 4.5 | 45 | 15.2 | 17 | 12 | 2177 | 3 | 98 | 2677.2 | 40 |

### 二、目的

土在经过外力作用压实之后,它的工程性质可以得到改善,例如提高土的抗剪强度,降低压缩性和透水性。在路堤、土坝和填土地基等工程中常要求把建筑材料的土压实到一定程度,击实试验是为了检验土在不同含水率、不同击实功能下土的压实性能,以此作为土工建筑物填土施工时压实控制之依据,即确定压实土的最大干密度和最佳含水率。

## 三、原理

击实试验的原理是根据土的三相体(颗粒、空气、水分)之间的体积变化理论及水膜润滑理论(普罗特),即用锤击法使土中气自孔隙中逸出,土颗粒得到重新排列,随着含水率的不同而排列也在变化。当土颗粒达到密实度最大时的干密度和相应的含水率即为击实所求指标。

试 料 用 量 表 6-2

| 使 用 方 法 | 类别 | 试筒内径(cm) | 最大粒径(mm) | 试料用量(kg) |
|---|---|---|---|---|
| 干土法,试样<br>不重复使用 | b | 10 | 20 | 至少 5 个试样,每个 3 |
| | | 15.2 | 40 | 至少 5 个试样,每个 6 |
| 湿土法,试样<br>不重复使用 | c | 10 | 20 | 至少 5 个试样,每个 3 |
| | | 15.2 | 40 | 至少 5 个试样,每个 6 |

## 四、仪器设备

(1)标准击实仪:见图 6-1 和图 6-2。

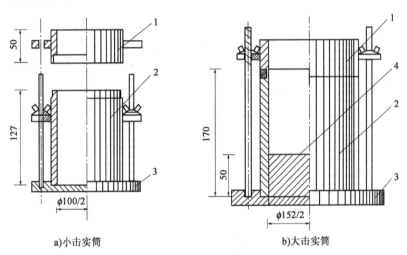

a)小击实筒　　　　　　　b)大击实筒

图 6-1　击实筒(单位:mm)

1-套筒;2-击实筒;3-底板;4-垫块

(2)烘箱、干燥器。

(3)天平:感量 0.01g。

(4)台秤:称量 10kg,感量 5g。

(5)圆孔筛:孔径 40mm、20mm 和 5mm 筛各一个。

(6)拌和工具:金属盘、土铲。

(7)其他:喷雾器、碾土器、盛土盘、量筒、推土器、铝盒、修土刀、直尺、机油等。

### 五、试样制备

本试验可分别采用不同的方法制样,各方法所用试料用量见表 6-2。

1. 干土法(土重复使用)

将具有代表性的风干或在 50℃温度下烘干的土样放在橡皮板上,用圆木棍碾散,然后过不同孔径的筛(视粒径大小而定)。对于小试筒,按四分法取筛下的土约 3kg,对于大试筒,同样按四分法取样约 6.5kg。

如风干含水率低于起始含水率太多时,可将土样铺于一不吸水的盘上,用喷水设备均匀地喷洒适当用量的水,并充分拌和,闷料一夜备用。

2. 干土法(土不重复使用)

按四分法至少准备 5 个土样,分别加入不同水分(按 2%～3%含水率递增),拌匀后闷料一夜备用。

3. 湿土法(土不重复使用)

对于高含水率土,可省略过筛步骤,用手拣除大于 40mm 的粗石子即可,保持天然含水率的第一个土样,可立即用于击实,其余几个试样,将土分成小块,分别风干,使含水率按 2%～3%递减。

### 六、试验步骤

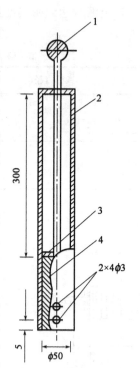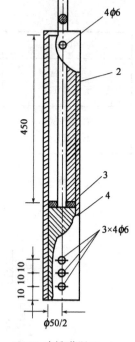

a)2.5kg击锤(落距30cm)　　b)4.5kg击锤(落距45cm)

图 6-2　击锤和导杆(单位:mm)

1-提手;2-导筒;3-硬橡皮垫;4-击锤

(1)根据工程要求,按表 6-1 选择轻型或重型试验方法,根据土的性质(含易击碎风化石数量多少,含水率高低),按表 6-2 规定选用干土法(土重复或不重复使用)或湿土法。

(2)将击实筒放在坚硬的地面上,取制备好的土样分 3～5 次倒入筒内,小筒按三层法时,每次约 800～900g(其量应使击实后的试样等于或略高于筒高的 1/3),按五层法时,每次约 400～500g(其量应使击实后的试样等于或略高于筒高的 1/5)。对于大试筒,先将垫块放入筒内底板上,按五层法时,每层需试样约 900(细粒土)～1100g(粗粒土);按三层法时,每层需试样 1700g 左右,整平表面,并稍加压紧,然后按规定的击数进行第一层土的击实,击实时击锤应自由垂直落下,锤迹必须均匀分布于土样面,第一层击实完后,将试样层面"拉毛",然后再装入套筒,重复上述方法进行其余各层土的击实。小筒击实后,试样不应高出筒顶面 5mm,大筒击实后,试样不应高出筒顶面 6mm。

(3)用修土刀沿套筒内壁削刮,使试样与套筒脱离后,扭动并取下套筒,齐筒顶细心削平试样,拆除底板,擦净筒外壁,称量,准确至 1g。

(4)用推土器推出筒内试样,从试样中心处取样,测其含水率,计算至 0.1%,测定含水率用试样的数量按表6-3规定取样。

测定含水率用试样的数量　　　　　　表 6-3

| 最大粒径(mm) | 试样重量(g) | 个　　数 |
|---|---|---|
| <5 | 15～20 | 2 |
| 约 5 | 约 50 | 1 |
| 约 20 | 约 250 | 1 |
| 约 40 | 约 500 | 1 |

(5)对于干土法(土重复使用),将试样搓散,然后进行洒水,拌和,但不需闷料,每次约增加 2%～3% 的含水率,其中有两个大于和两个小于最佳含水率,所需加水量按式(6-1)计算:

$$m_w = \frac{m_i}{1 + 0.01 w_i} \times 0.01(w - w_i)$$ (6-1)

式中:$m_w$——所需的加水量,g;

　　$m_i$——含水率 $w_i$ 时的土样的质量,g;

　　$w_i$——土样原有含水率,%;

　　$w$——要求达到的含水率,%。

(6)按上述步骤进行其他含水率试样的击实,一般需要做五次不同含水率的试验。

(7)干土法(土不重复使用)和湿土法,击实步骤同上,只是试样制备有所不同(见前面试样制备)。

## 七、计算、记录及绘图

(1)按式(6-2)计算击实后各点的干密度:

$$\rho_d = \frac{\rho}{1 + 0.01 w}$$ (6-2)

式中:$\rho_d$——干密度,g/cm³;

　　$\rho$——湿密度,g/cm³;

　　$w$——实测含水率,%。

(2)本试验记录表格式如表6-4所示。

(3)以干密度为纵坐标,含水率为横坐标,绘制干密度与含水率的关系曲线,如试验记录表6-4中的图。曲线上峰值点的纵、横坐标分别为最大干密度和最佳含水率。如曲线不能绘出明显的峰值点,应进行补点或重做。

(4)各类土的最佳含水率与最大密实度参考数值,见表6-5。

## 八、注意事项

(1)击实筒一般放在水泥混凝土地面上试验,如没有这种地面,亦可放在坚硬、平稳、较厚的石头上做试验。

(2)对细砂土,可参照其塑限估计最佳含水率,一般较塑限约小 3%～6%。对于砂性土接近 3%,对于黏性土约为 6%。对于天然砂砾土,级配集料的最佳含水率与集料中的细粒土含量和塑性指数有关,一般变化在 5%～12% 之间。对于细土偏少、塑性指数为零的级配碎石,其最佳含水率接近 5%。对于细土偏多、塑性指数较大的砂砾土,其最佳含水率约在 10%

左右。

击实试验试验记录 表 6-4

工程名称 __201__ 　　　　试验者 __×××__

土样说明 __扰动土__ 　　　　计算着 __×××__

试验日期 __2013.8.10__ 　　　校核者 __×××__

| 试样名称 亚砂土 | | 试验仪器 轻型—03 | | 风干含水率 | | | 超尺寸颗粒 | | |
|---|---|---|---|---|---|---|---|---|---|
| 击锤重 2.5kg | | 落　距 30cm | | 层　数 3层 | | | 每层击数 27 | | |

| | 试验次数 | 1 | | 2 | | 3 | | 4 | 5 |
|---|---|---|---|---|---|---|---|---|---|
| 干干密度 | 湿土+筒质量(g) | 5980 | | 6170 | | 6360 | | 6400 | 6280 |
| | 筒质量(g) | 4210 | | 4210 | | 4210 | | 4210 | 4210 |
| | 湿土质量(g) | 1770 | | 1960 | | 2150 | | 2190 | 2070 |
| | 湿土密度(g/cm³) | 1.77 | | 1.96 | | 2.15 | | 2.19 | 2.07 |
| | 干密度(g/cm³) | 1.65 | | 1.79 | | 1.92 | | 1.9.3 | 1.80 |
| 含含水率 | 铝盒号 | 16 | 21 | 156 | 08 | 137 | 295 | 352 | 298 | 10 | 38 |
| | 盒+湿土质量(g) | 33.16 | 34.52 | 35.72 | 36.82 | 38.13 | 40.16 | 43.59 | 41.92 | 41.36 | 40.73 |
| | 盒+干土质量(g) | 32.41 | 33.74 | 34.15 | 35.64 | 36.51 | 38.31 | 41.1 | 39.61 | 38.77 | 38.26 |
| | 盒质量(g) | 22.50 | 22.81 | 21.93 | 22.76 | 22.16 | 23.05 | 22.61 | 21.83 | 21.66 | 22.08 |
| | 水质量(g) | 0.75 | 0.78 | 1.12 | 1.18 | 1.62 | 1.85 | 2.49 | 2.31 | 2.59 | 2.47 |
| | 干土质量(g) | 9.91 | 10.93 | 12.22 | 12.88 | 14.35 | 15.26 | 18.49 | 17.78 | 17.11 | 16.18 |
| | 含水率(%) | 7.6 | 7.1 | 9.2 | 9.2 | 11.3 | 12.1 | 13.5 | 13.0 | 15.1 | 15.3 |
| | 平均含水率(%) | 7.4 | | 9.2 | | 11.7 | | 13.3 | | 15.2 | |

| 击实曲线 | 干密度(g/cm³) | | | | 最大干密度 | 1.94g/cm³ |
|---|---|---|---|---|---|---|
| | | | | | 最佳含水率 | 12.7% |
| | | | | | 备注 | |
| | 含水率(%) | | | | | |

各类土的最佳含水率与最大密实度参考数值表 表 6-5

| 土质类别 | 液限(%) | 最佳含水率(%) | 最大密实度(g/cm³) | 用于填筑路堤 |
|---|---|---|---|---|
| 亚砂土 | 16~28 | 10~17 | 2.3~1.75 | 最好 |
| | 28~38 | 17~23 | 1.76~1.60 | 好 |
| 亚黏土 | 38~48 | 23~29 | 1.60~1.45 | 普通 |
| 黏土 | >48 | >29 | <1.45 | 不好 |

注:最佳含水率=$(0.55 \sim 0.65) w_L$,一般可取 $w_{最佳} = 0.65 w_L$。

(3)当试样中有大于 40mm 的颗粒做击实试验时,按式(6-3)、式(6-4)分别对试验所得的最大干密度和最佳含水率进行校正(适用于大于 40mm 颗粒的含量小于 30% 时)。

最大干密度校正：

$$\rho'_{dm} = \cfrac{1}{\cfrac{(1-0.01P)}{\rho_{dm}} + \cfrac{0.01P}{G'_s}}$$　　(6-3)

式中：$\rho'_{dm}$——校正后的最大干密度，$g/cm^3$；

　　$\rho_{dm}$——用粒径小于 40mm 的土样试验所得的最大干密度，$g/cm^3$；

　　$P$——试样中粒径大于 40mm 颗粒的百分数，%；

　　$G'_s$——粒径大于 40mm 颗粒的毛体积比重，精确至 0.01。

最佳含水率校正：

$$w'_b = w_b(1-0.01P) + 0.01Pw_g$$　　(6-4)

式中：$w'_b$——校正后的最佳含水率，%；

　　$w_b$——用粒径小于 40mm 的土样试验所得的最佳含水率，%；

　　$P$——试样中粒径大于 40mm 颗粒的百分数，%；

　　$w_g$——粒径大于 40mm 颗粒的吸水率，%。

### 复习思考题

1. 重型击实试验和轻型击实试验的适用范围各是什么？一般情况下，工程中为何多用重型击实试验的结果作为标准？

2. 对同一试样而言，轻型与重型击实的结果有何不同？

3. 为保证试验结果的准确，做试验时应注意哪几方面的问题？

# 第二节　土的压缩试验

## 一、定义

土的压缩是土体在荷重作用下产生变形的过程。地基土由于建筑物的建造，改变了地基中的应力状态，使地基产生变形，使得建筑物基础发生竖向变位，即基础沉降。

压缩系数 $\alpha$ 和压缩模量 $E_s$ 是反映土体压缩性的两个重要指标。压缩系数是土体在增加单位压力时孔隙比的减小值，即

$$\alpha = \frac{e_1 - e_2}{p_2 - p_1}$$　　(6-5)

而压缩模量是土在完全侧限的条件下竖向应力增量与相应的应变增量的比值，即

$$E_S = \frac{\Delta P}{\Delta H/H_1} = \frac{\Delta P}{\Delta e/(1+e_1)} = \frac{1+e_1}{\alpha}$$　　(6-6)

## 二、目的和适用范围

本试验的目的是测定试样在有侧限与轴向排水条件下的变形和压力或孔隙比和压力的关系等，以便计算土的压缩系数 $\alpha$ 和压缩模量 $E_s$ 等。在计算地基沉降、确定老黏性土地基承载

力等方面均需测定压缩系数 $\alpha$ 和压缩模量 $E_s$。

本试验适用于细粒土的压缩试验。当遇到特殊的地质条件或特殊要求时,可参照相应的国家标准或部颁规程。

### 三、原理

土体在外荷载作用时,土粒之间互相移动,孔隙体积减小(土质学中认为土粒和水是不可压缩的),孔隙比(孔隙比等于孔隙体积与土粒体积之比)亦减小。因此,试验时只要测得不同压力下的孔隙比,绘出 $e-p$ 曲线,即可从图中求出压缩系数 $\alpha$ 和压缩模量 $E_s$。

### 四、仪器设备

本试验需用下列仪器设备:

(1)压缩仪(固结仪):见图 6-3,试样面积 $30cm^2$ 或 $50cm^2$,高 $5cm^2$。

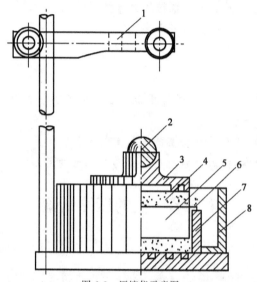

图 6-3 压缩仪示意图

1-量表架;2-钢珠;3-加压上盖;4-透水石;5-试样;6-环刀;7-护环;8-水槽

(2)加压设备:应能垂直地在瞬间施加各级规定的荷重,且没有冲击力,压力精度应符合国家标准。常用的加压设备为杠杆式。

(3)测微表:量程 10mm,最小分度为 0.01mm。

(4)其他:秒表,刮土刀,铝盒,天平,凡士林,酒精或烘箱等。

### 五、试验步骤

(1)根据工程需要,切取原状土样或制备给定重度与含水率的扰动土样。

(2)用环刀切取原状土样或制备好的扰动土样。

在本试验之前,应按《土工试验规程》(DT—1992)测定试样的容重、含水率和土粒密度。

在切取试样时,应在环刀内壁涂一层凡士林,然后,使环刀刃口垂直向下加压,切取土样,削平上下两端。在刮平试样时,不得用刀反复涂抹土面。保持土样与环刀内壁密合,并保持完整,否则应重新取样。

（3）在装土样的环刀外壁涂一层凡士林,刀口向下放入护环内。

（4）在容器底板上放透水石,将带土样的环刀和护环放入容器中,套上导环,放上面透水石,再放传压活塞,安装量表。

（5）为保持试样与仪器上下各部件之间接触良好,应先施加 1kPa 的压力,然后,将百分表调整为零。

（6）去掉预压荷重,立即加第一级荷重,加码时避免冲击或摇晃,在加上砝码的同时,立即开动秒表。荷重等级一般为 50kPa、100kPa、200kPa、300kPa、400kPa。当土很软时,第一级荷重宜为 25kPa,最后一级,还应考虑大于土层上的计算压力 100～200kPa。如为饱和土样,还应在第一级荷重加上后,向容器内加水,让整个土样都浸入水中。

## 六、试验记录与数据整理

（1）计算试样的原始孔隙比:

$$e_0 = \frac{9.81G_s(1+0.01w)}{\gamma} - 1 \qquad (6\text{-}7)$$

式中: $G_s$ ——土粒密度,黏性土可近似取 2.70;

$\gamma$ ——土的天然重度,kN/m³;

$w$ ——土的天然含水率,%。

（2）计算各级荷重下压缩稳定时的孔隙比:

$$e_i = e_0 - \frac{s_i}{h_0}(1+e_0) \qquad (6\text{-}8)$$

式中: $s_i$ —— $i$ 级荷重下压缩稳定时的总压缩量,mm;

$h_0$ ——土样的原始高度,环刀高,mm。

（3）以孔隙比 $e$ 为纵坐标,压应力 $p$ 为横坐标,根据试验结果,画出压缩曲线即 $e\text{-}p$ 曲线,如图 6-4 所示。

（4）计算各级压力变化范围内的压缩系数:

$$\alpha = \frac{e_1 - e_2}{p_2 - p_1} \qquad (6\text{-}9)$$

（5）记录表格如表 6-6、表 6-7、表 6-8 所示。

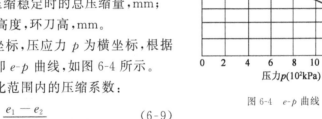

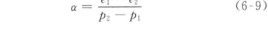

图 6-4 　$e\text{-}p$ 曲线

## 七、注意事项

（1）压缩试验的成果对土样是否扰动是非常敏感的,因此,原状土在切削过程中必须仔细耐心,尽可能使土样的原有结构不受破坏。但试样的切削工作也应尽快完成,以免水分蒸发。

（2）必须注意仪器的调整工作,在进行试验前必须重点检查仪器的加压设备,加压框架的横梁必须水平,竖杆必须垂直,各部位必须转动灵活自由。仪器一般每年须校正一次。

（3）按正常方法进行压缩试验,须数天到十多天时间,本试验介绍的是快速压缩试验法。

## 含 水 率 试 验

表 6-6

工程名称＿＿＿＿＿　　　　土样编号＿＿＿＿＿　　　　试验日期＿＿＿＿＿

试 验 者＿＿＿＿＿　　　　计 算 者＿＿＿＿＿　　　　校 核 者＿＿＿＿＿

| 试样情况 | | 盒号 | 盒＋湿土质量(g) | 盒＋干土质量(g) | 盒质量(g) | 水质量(g) | 干土质量(g) | 含水率(%) |
|---|---|---|---|---|---|---|---|---|
| | | | ① | ② | ③ | ④ | ⑤ | ⑥ |
| | | | | | | ①－② | ②－③ | (④/⑤)×100 |
| 试验前 | 饱和前 | | | | | | | 平均 |
| | 饱和后或饱和土 | | | | | | | 平均 |
| | 试验后 | | | | | | | |

## 重 度 试 验

表 6-7

工程名称＿＿＿＿＿　　　　土样编号＿＿＿＿＿　　　　试验日期＿＿＿＿＿

试 验 者＿＿＿＿＿　　　　计 算 者＿＿＿＿＿　　　　校 核 者＿＿＿＿＿

| 试样情况 | | 环＋土质量(g) | 环质量(g) | 土质量(g) | 试样体积(cm³) | 容重(g/cm³) |
|---|---|---|---|---|---|---|
| | | ① | ② | ③ | ④ | ⑤ |
| | | | | ①－② | | ③/④ |
| 试验前 | 饱和前 | | | | | |
| | 饱和后或饱和土 | | | | | |
| | 试验后 | | | | | |

## 压 缩 试 验

表 6-8

工程名称＿＿＿＿＿　　　　土样编号＿＿＿＿＿　　　　试验日期＿＿＿＿＿

试 验 者＿＿＿＿＿　　　　计 算 者＿＿＿＿＿　　　　校 核 者＿＿＿＿＿

| 经过时间(min) | 压力(MPa) | | | | | | | |
|---|---|---|---|---|---|---|---|---|
| | 0.5 | | 1.0 | | 2.0 | | 4.0 | |
| | 时间 | 读数 | 时间 | 读数 | 时间 | 读数 | 时间 | 读数 |
| | | | | | | | | |
| 总变形量(mm) | | | | | | | | |
| 仪器变形量(mm) | | | | | | | | |
| 试样总变形量(mm) | | | | | | | | |

## 复习思考题

1. 通过压缩试验可以得到哪些指标参数，每个指标工程意义是什么？

2. 如果求得压缩系数？

3. 土的压缩系数和压缩指数有何不同，在压力较低情况下能否得到压缩指数？

# 第三节　土的直接剪切试验

## 一、定义

土的抗剪强度试验是指土在外力作用下，土体的一部分对另一部分产生相对滑动时所具有的抵抗剪切破坏的极限强度。它是由土颗粒之间的内摩擦角 $\varphi$ 及由胶结物和束缚水膜的分子引力所产生的凝聚力 $c$ 两个参数所组成。

## 二、目的

本试验的目的就是测定土的抗剪强度指标内摩擦角 $\varphi$ 和凝聚力 $c$。

在进行土压力计算、地基承载力计算、土坡稳定性分析时均需要了解内摩擦角 $\varphi$ 和凝聚力 $c$。

## 三、原理

不同正应力下土的抗剪强度，决定土的内摩擦角 $\varphi$ 和凝聚力 $c$。

土的抗剪强度可用库伦公式来表达，即

$$\tau_{\mathrm{f}} = C + \sigma \tan\varphi \tag{6-10}$$

式中：$\tau_{\mathrm{f}}$——土的抗剪强度，kPa；

$\quad\sigma$——作用于剪切面上的正应力，kPa；

$\quad\varphi$——土的内摩擦角，°；

$\quad C$——土的凝聚力，kPa。

从库伦强度公式可以看到土的抗剪强度与作用于土体上的正应力呈线性关系，只要我们测定土体在不同正应力下的抗剪强度，绘制抗剪强度与正应力的关系线，即可从图中量取内摩擦角 $\varphi$ 和凝聚力 $c$。

直接剪切试验可分为快剪、固结快剪、慢剪三种。为了考虑固结条件对土的抗剪强度的影响，使试验条件能更好地符合土体实际的受力情况，我们可按土的性质、建筑物施工和使用等实际情况，从中适当选用一种，使试验条件尽量符合或接近土体的受力情况。

## 四、仪器设备

1. 应变控制式直剪仪

主要包括杠杆式垂直加压设备、剪切盒、量力环（包括放于环中的测微表）及推力座等，如图 6-5 所示。

2. 其他

切土环刀（内径 6.4cm，土样面积 $F = 32.2\mathrm{cm}^2$，高 2cm）、钢丝锯或修土刀、凡士林等。

## 五、试验步骤

（1）试样制备。

①原状土:用直剪仪环刀至少切取四个试样,其重度相差不得大于 $0.03g/cm^3$,在切取试样的过程中,操作须格外小心,勿使试样的原状结构受到破坏。

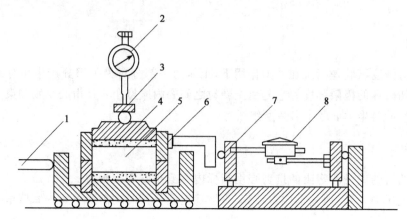

图 6-5  应变控制式直剪仪示意图

1-推动座;2-垂直位移百分表;3-垂直加荷框架;4-活塞;5-试样;6-剪切盒;7-测力计;8-测力百分表

②扰动土:作为路堤填料需作扰动土的夯后剪切试验,根据击实试验的结果及压实系数来控制试样的最佳含水率与最大干重度。数量和要求同原状土。

(2)对准剪切盒的上下盒,插入固定销,在下盒内放透水石及蜡纸各一。

(3)将盛有试样的环刀,刀口向上,平口向下对准盒口,在试样上放蜡纸和透石各一,然后将试样徐徐压入盒中,直到底面接触为止,顺次加上传压活塞、钢珠及加压框架。

(4)施加垂直压力(本试验至少取四个试样,分别加不同压力,一般为 50kPa、100kPa、200kPa、300kPa),加荷载时应按垂直压力值,一次将砝码轻轻加上,防止冲击。若土质很软,当压力较大时,为防止土从上下盒的缝中被挤出,可分数次在 1min 内将砝码全部加足。如为饱和土样,还应往盒中注水。

(5)安装量力环及其中的测微表,徐徐转动手轮,使下盒的钢珠刚好与量力环接触,调整测微表读数为一整数,作为初读数记下。

(6)拔出固定销,均匀转动手轮使量力环受力,快剪时手轮为 4～12r/min,观看测微表指针的转动。如指针不再前进或明显后退,表示试样已剪坏,记下读数的峰值作为终读数(0.01mm)。若量力环中测微表指针随手轮的旋转而不断前进,则取剪切变形达 5mm 时的指针读数作为终读数,即可停止剪切。一般快剪宜在 3～5min 内完成。

(7)倒转手轮,卸去垂直压力,取出土样。依次作不同压力下的试验,做完后将仪器擦洗干净,并在上下盒接触面上涂一层凡士林,以供再用。

(8)抄录量力环系数 $K$。

### 六、试验结果整理与计算

(1)计算每个试样的抗剪强度:

$$\tau_f = KR \tag{6-11}$$

式中:$K$——量力环力系数,N/0.01mm;

$R$——量力环中测微表初读数与终读数之差值,即量力环的径向压缩量,0.01mm。

（2）根据试验结果，以抗剪强度为纵坐标，垂直压应力为横坐标，画出抗剪强度线（图 6-6）。该直线的倾角为 $\varphi$，其在纵坐标上的截距为 $C$。

（3）试验记录表格：见表 6-9、表 6-10。

## 七、注意事项

直接剪切仪同压缩试验一样，在使用前也应仔细认真地对其进行检校。

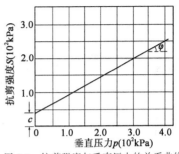

图 6-6　抗剪强度与垂直压力的关系曲线

直剪试验记录表（一）

表 6-9

工程名称_____　　土样编号_____　　试验日期_____
试　验　者_____　　计　算　者_____　　校　核　者_____

| 试样编号 | | 1 | | | 2 | | | 3 | | | 4 | | |
|---|---|---|---|---|---|---|---|---|---|---|---|---|---|
| | | 起始 | 饱和后 | 剪后 | 起始 | 饱和后 | 剪后 | 起始 | 饱和后 | 剪后 | 起始 | 饱和后 | 剪后 |
| 湿重度 $\gamma$(g/cm³) | ① | | | | | | | | | | | | |
| 含水率 $w$(%) | ② | | | | | | | | | | | | |
| 干重度 $\gamma_d$(g/cm³) | ③ | | | | | | | | | | | | |
| 孔隙比 $e$ | ④ | | | | | | | | | | | | |
| 饱和度 $S_r$(%) | ⑤ | | | | | | | | | | | | |

直剪试验记录表（二）

表 6-10

工程名称＿＿＿＿＿　　土样编号＿＿＿＿＿　　试验日期＿＿＿＿＿

试 验 者＿＿＿＿＿　　计 算 者＿＿＿＿＿　　校 核 者＿＿＿＿＿

| 试样编号＿＿＿＿　剪切前固结时间＿＿＿＿ | | | | | 试样编号＿＿＿＿　剪切前固结时间＿＿＿＿ | | | | |
| 仪器编号＿＿＿＿　剪切前压缩量＿＿＿＿ | | | | | 仪器编号＿＿＿＿　剪切前压缩量＿＿＿＿ | | | | |
| 手轮转速＿＿＿＿　剪切历时＿＿＿＿ | | | | | 手轮转速＿＿＿＿　剪切历时＿＿＿＿ | | | | |
| 垂直压力＿＿＿＿　抗剪强度＿＿＿＿ | | | | | 垂直压力＿＿＿＿　抗剪强度＿＿＿＿ | | | | |
| 量力环系数 $K=$ ＿＿＿＿ | | | | | 量力环系数 $K=$ ＿＿＿＿ | | | | |
| 手轮转数 | 量力环读数 (0.01mm) | 剪切位移 (0.01mm) | 剪应力 | 垂直位移 (0.01mm) | 手轮转数 | 量力环读数 (0.01mm) | 剪切位移 (0.01mm) | 剪应力 | 垂直位移 (0.01mm) |
| ① | ② | ③ | ④ | ⑤ | ① | ② | ③ | ④ | ⑤ |
| 1 | | | | | 19 | | | | |
| 2 | | | | | 20 | | | | |
| 3 | | | | | 21 | | | | |
| 4 | | | | | 22 | | | | |
| 5 | | | | | 23 | | | | |
| 6 | | | | | 24 | | | | |
| 7 | | | | | 25 | | | | |
| 8 | | | | | 26 | | | | |
| 9 | | | | | 27 | | | | |
| 10 | | | | | 28 | | | | |
| 11 | | | | | 29 | | | | |
| 12 | | | | | 30 | | | | |
| 13 | | | | | 31 | | | | |
| 14 | | | | | 32 | | | | |
| 15 | | | | | 33 | | | | |
| 16 | | | | | 34 | | | | |
| 17 | | | | | 35 | | | | |
| 18 | | | | | | | | | |

## 复习思考题

1. 三种直剪试验的方法各有何特点，如何根据工程实际情况确定试验方法？

2. 试比较三种直剪试验的强度指标和三轴试验强度指标？

3. 如何控制剪切速率及如何进行破坏值的选择？

# 第四节　三 轴 试 验

## 一、目的

本试验目的是测定细粒土和砂土的抗剪强度参数。

## 二、原理

三轴剪切试验是测定土的抗剪强度的一种方法,它通常用 3～4 个圆柱形试样,分别在不同的恒定周围压力(即小主应力 $\sigma_3$)下,施加轴向压力[即主应力差 $\sigma_1-\sigma_3$],进行剪切直至破坏;然后根据摩尔—库伦理论,求得抗剪强度参数。

本试验根据排水条件的不同可分为不固结不排水剪(UU),固结不排水剪(CU)和固结排水剪(CD)等三种试验类型。

## 三、仪器设备

(1)三轴剪切仪:应变控制式如图 6-7 所示,由周围压力系统、反压力系统、孔隙水压力测量系统和主机组成。

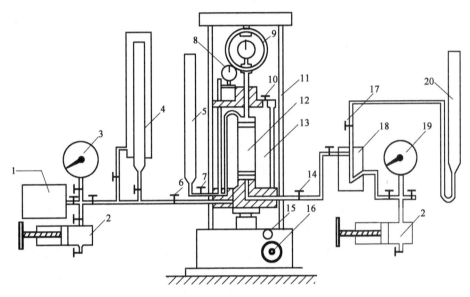

图 6-7　应变控制式三轴压缩仪

1-周围压力系统;2-调压筒;3-周围压力表;4-体变管;5-排水管;6-周围压力阀;7-排水阀;8-变形量表;9-量力环;10-排气孔;11-轴向加压设备;12-试样;13-压力室;14-孔隙压力阀;15-离合器;16-手轮;17-量管阀;18-零位指示器;19-孔隙压力表;20-量管

(2)附属设备:包括击实器、饱和器、切土器、分样器、切土盘、承膜筒和对开圆模。

(3)百分表:量程 3cm 或 1cm,精度 0.01mm。

(4)天平:称量 200g,感量 0.01g;称量 1000g,感量 0.1g。

(5)橡皮膜:应具有弹性,厚度应小于橡皮膜直径的 1%,不得有漏气孔。

## 四、仪器的检查

(1)周围压力的测量精量度为全量程的 1%,测读分值为 5kPa。

(2)孔隙水压力测量系统内的气泡应完全排除。系统内的气泡,可用纯水或施加压力使气泡溶于水,并从试样底座溢出,测量系统的体积因数应小于 $1.5 \times 10^{-5} \mathrm{cm}^3/\mathrm{kPa}$。

（3）管路应畅通，活塞应能滑动，各连接处应无漏水。

### 五、试样的制备

（1）试样的尺寸：最小直径为 $\varphi$35mm，最大直径为 $\varphi$101mm，试样高度宜为试样直径的 2～2.5 倍，试样的最大粒径应符合表 6-11 规定。对于有裂缝、软弱面和构造面的试样，试样直径宜大于 60mm。

试样的土粒最大粒径      表 6-11

| 试 样 尺 寸 | 容许最大粒径(mm) | 试 样 尺 寸 | 容许最大粒径(mm) |
|---|---|---|---|
| <100 | 试样直径的 1/10 | ≥100 | 试样直径的 1/5 |

（2）原状土：试样可从钻孔原状土柱或试坑原状土块中切取（具体方法参照土工试验），切取好的试样两端应平整并垂直于试样轴，当试样侧面或端部有小石子或凹坑时，容许用削下的余土修整，削时应避免扰动，并取余下的土测定其含水率。

（3）扰动土（击实法）。

①选取一定重量的土样（对直径 3.91cm 的试样约取 2kg，6.18cm 和 10.1cm 试样分别取 10kg 和 20kg），经风干、碾散、过筛（2mm），测出风干含水率，按要求含水率算出所加水量。

②将需要的含水率喷洒到土料上，稍静置后装入塑料袋，然后，置于密闭容器内至少 20h，使含水率均匀。取出土样复测含水率。若所测的含水率与要求含水率的差值在 1% 以内，则可进行击实。否则需调整含水率至符合要求为止。

③击实筒的直径一般与试样相同。击锤的直径宜小于试样直径的 1/2，但也容许采用与试样直径相同的击锤，击样筒壁在使用前应洗擦干净，涂一薄层凡士林。

④根据要求的干重度，称取所需土重，按试样高度不同，粉性土分 3～5 层，黏性土分 5～8 层击实。各层土料质量相等。每层击实至要求高度后，将表面拉毛，然后再加第二层土料。如此进行，直至击完最后一层。将击实筒中的试样两端整平，取出称其质量，各试样的重度相差不大于 0.02g/cm³。

### 六、试样的饱和

（1）抽气饱和。将试样装入饱和器内，置于抽气缸内盖紧后，进行抽气，当真空度接近 1 个大气压后，对于粉性土再继续抽 30min 以上，黏性土抽 1h 以上，密实的黏性土抽 2h 以上。然后徐徐注入清水，并使真空度保持稳定。待饱和器完全浸没水中后，停止抽气，解除抽气缸内的真空，让试样在抽气缸内静置 10h 以上。然后取出试样称重。

（2）水头饱和。对于粉土或粉质砂土，可直接在仪器上用水头饱和；对于粉质土和黏性土，有时因有特别要求，也可用水头饱和。其方法是先按本试验不固结不排水剪（1）～（4）步骤安装完毕（试样顶用透水帽），然后施加 200kPa 的周围压力，并同时提高试样底部量管的水面和较低试样顶部固结排水管的水面，使两管水面差在 1m 左右。打开量管阀、孔隙压力阀和排水阀，让水自下而上通过试样，直至同一时间隔内量管流出的水量与固结排水管内的水量相等为止。

(3)假如按上述两条不能使试样完全饱和($S_r>99\%$),而试验要求完全饱和时,则须对试样再用反压力饱和(此方法本试验从略)。

(4)本试验主要以细粒土的不固结不排水剪为主,对于固结不排水剪、固结排水剪和砂土的三轴剪切试验此处从略,如须做以上试验时,可参照《公路土工试验规程》(JTG E40—2007)。

### 七、试样的安装(不固结不排水剪试验 UU)

(1)将试样放在仪器底座的不透水圆板上,在试样的顶部放置不透水试样帽。

(2)将橡皮膜套在承膜筒内,将两端翻出模外,从吸嘴吸气,使膜贴紧承膜筒内壁,然后套在试样外,放气,翻起橡皮膜,取出承膜筒。用橡皮圈将橡皮膜分别扎紧在仪器底座和试样帽上。

(3)装上压力室外罩。安装时应先将活塞提高,以防碰撞试样,然后将活塞对准试帽中心,并均匀地旋紧螺丝,再将量力环对准活塞。

(4)开排气孔,向压力室充水,当压力室快充满水时,降低进水速度,水从排气孔溢出时,关闭排气孔。

(5)开周围压力阀,施加所需的周围压力。周围压力的大小应与工程的实际荷重相适应,并尽可能使最大周围压力与土体的最大实际荷重大致相等。也可按 100kPa、200kPa、300kPa、400kPa 施加压力。

(6)旋转手轮,当量力环的量表微动时表示活塞已与试样帽接触,然后将量力环的量表和变形量表的指针调整到零位。

### 八、试样的剪切(不固结不排水剪试验 UU)

(1)剪切应变速率取每分钟 $0.5\%\sim1.0\%$。

(2)开动电动机,接上离合器,进行剪切。开始阶段,试样每产生应变 $0.3\%\sim0.4\%$,测记量力环量表读数和垂直变形量表读数各一次。当垂直应变达 $3\%$ 以后,读数间隔可延长为 $0.7\%\sim0.8\%$ 各测记一次。当接近峰值时应加密读数。如果试样特别硬脆或软弱,可酌情加密或减少测读的次数。

(3)当出现峰值后,再继续剪 $3\%\sim5\%$ 垂直应变;若量力环的量表读数无明显减少,则垂直应变进行到 $15\%\sim20\%$。

(4)试验结束后关闭电动机,关周围压力阀,拨开离合器,倒转手轮,然后打开排气阀,排去压力室的水,拆除压力室外罩,揩干试样周围的余水,脱去试样外的橡皮膜,描述破坏后的形状,称试样质量,测定试验后含水率。

对于直径 3.19cm 的试样,应取整个试样烘干;直径 6.18cm 和直径 10.1cm 的试样容许切取剪切面附近有代表性的部分土样烘干。

(5)对于其余几个试样,可在不同周围压力下按试验的安装(1)~(6)及试验的剪切(1)~(4)步骤进行试验。

### 九、试验记录及成果的整理和计算

(1)试样剪切时的面积计算见式(6-12)。

$$A_a = \frac{A_0}{1 - \varepsilon_1} \qquad (6\text{-}12)$$

式中：$A_a$——试样剪切时的面积，$cm^2$；

$\quad A_0$——试样剪切前的面积，$cm^2$；

$\quad \varepsilon_1$——轴向应变，$\varepsilon_1 = \Delta h_1 / h_0$，%；

$\quad \Delta h_1$——试样剪切时的高度变化，由轴向变形量表测量，cm；

$\quad h_0$——试样起始高度，cm。

(2)主应力差$(\sigma_1 - \sigma_3)$的计算见式(6-13)。

$$\sigma_1 - \sigma_3 = \frac{CR}{A_a} \qquad (6\text{-}13)$$

式中：$\sigma_1$——大主应力，kPa；

$\quad \sigma_3$——小主应力，kPa；

$\quad C$——量力环系数，$\times 10N/0.01mm$；

$\quad R$——量力环量表读数，0.01mm。

(3)以$\sigma_1 - \sigma_3$的峰值点作为破坏点。若无峰值点，则取15%应变时的应力差值。以法向应力$\sigma$为横坐标，剪应力$\tau$为纵坐标，在横坐标轴上以$(\sigma_{1f} + \sigma_{3f})/2$为圆心，$(\sigma_{1f} - \sigma_{3f})/2$为半径($f$表示破坏时的值)绘制破损应力圆，在绘制不同周围压力下的应力圆后，作逐圆包线。该包线的倾角为内摩擦角$\varphi_u$，包线在纵轴上的截距为黏聚力$C_u$，见图6-8。

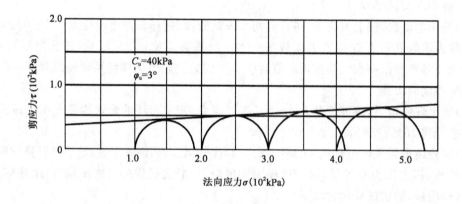

图6-8 不固结不排水剪强度包线

(4)试验记录表格，见表6-12、表6-13。

三轴压缩试验（一）　　　　　　　　　　　　　　　　　　　　　表 6-12

| 试样状态记录 | | | | 周围压力(kPa) | |
|---|---|---|---|---|---|
| | 起始的 | 固结后 | 剪切后 | 反压力 $u_0$(kPa) | |
| 直径 $D$(cm) | | | | 周围压力下孔隙水压力 | |
| 高度 $h_0$(cm) | | | | 孔隙水压力 $B = \dfrac{\mu}{\sigma_3}$ | |
| 面积 $A_0$(cm$^2$) | | | | | |
| 体积 $V$(cm$^3$) | | | | 破损应变 $\varepsilon_f$(%) | |
| 质量(g) | | | | 破损主应力差 $(\sigma_{1f}-\sigma_{3f})$(kPa) | |
| 密度(g/cm$^3$) | | | | 破损大主应力 $\sigma_{1f}$(kPa) | |
| 干密度(g/cm$^3$) | | | | 破损小主应力 $\sigma_{3f}$(kPa) | |
| 试样含水率记录 | | | | 破损孔隙水压力系数 $B_f = \dfrac{\mu_f}{\sigma_{1f}}$ | |
| | | 起始 | 剪切后 | 相应的有效大主应力 $\sigma'_1$(kPa) | |
| | | | | 相应的有效小主应力 $\sigma'_3$(kPa) | |
| 盒号 | | | | 最大有效主应力比 $\left(\dfrac{\sigma'_1}{\sigma'_3}\right)_{max}$ | |
| 盒质量(g) | | 10 | 10 | | |
| 盒+湿土质量(g) | | 21.86 | 22.43 | 破坏点选值准则 $\left(\dfrac{\sigma'_1}{\sigma'_3}\right)_{max}$ | |
| 湿土质量(g) | | 11.86 | 12.43 | 193.21 | |
| 盒+干土质量(g) | | 19.63 | 20.12 | | |
| 干土质量(g) | | 9.63 | 10.12 | 153.90 | 孔隙水压力系数 $A_f = \dfrac{\mu_f}{B(\sigma_{1f}-\sigma_{3f})}$ |
| 水质量(g) | | 2.23 | 2.31 | 39.31 | |
| 饱和度 $S_r$ | | 86.3 | | 试样破坏情况描述　呈鼓状破坏 | |

三轴压缩试验（二）　　　　　　　　　　　　　　　　　　　　　表 6-13

| 试样编号 | | 试验方法 | | 周围压力 | | | |
|---|---|---|---|---|---|---|---|
| 量力环校正系数 $K$(×10N/0.01mm) | | | | 剪切速率(mm/min) | | | |
| 轴向变形系数 $\Delta h_1$（×0.01mm） | 轴向应变 $\varepsilon = \Delta h_1 / h$(%) | 量力环量表读数 $R$ (0.01mm) | 主应力差 $\sigma_1 - \sigma_3 = RC/A_a$(kPa) | 大主应力 $\sigma_1$(kPa) | 孔隙压力 | | 有效大主应力 $\sigma_1$(kPa) | 有效小主应力 $\sigma_3$(kPa) | 有效主应力比 $\sigma_1/\sigma_3$ |

| 轴向变形系数 $\Delta h_1$（×0.01mm） | 轴向应变 $\varepsilon = \Delta h_1 / h$(%) | 量力环量表读数 $R$ (0.01mm) | 主应力差 $\sigma_1 - \sigma_3 = RC/A_a$(kPa) | 大主应力 $\sigma_1$(kPa) | 读数 | 压力值(kPa) | 有效大主应力 $\sigma_1$(kPa) | 有效小主应力 $\sigma_3$(kPa) | 有效主应力比 $\sigma_1/\sigma_3$ |
|---|---|---|---|---|---|---|---|---|---|
| | | | | | | | | | |
| | | | | | | | | | |

## 复习思考题

1. 如果选择三轴试验的类型？

2. 试样饱水的方法有哪几种，各适合哪种类型土？

3. 剪切速率对试验结果有何影响？

## 第五节　土的承载比(CBR)试验

### 一、定义

承载比是美国加利福尼亚州公路局(California Bearing Ratio,简称 CBR)提出的一种评价路基土和基层材料承载能力的试验方法,根据该方法测定的评定土基及路面材料承载能力的指标。所谓 CBR 值,是指试料贯入量达 2.5mm 时,单位压力对标准碎石压入相同贯入量时标准荷载强度的比值。

### 二、目的和适用范围

(1)本试验是在规定的试筒内制件后,对各种土和路面基层、底基层材料测定承载比值。CBR 是路基土和路面材料的强度指标,是柔性路面设计的主要参数之一,也是目前高等级公路施工质量控制的指标之一。

(2)试样的最大粒径宜控制在 20mm 以内,最大不超过 40mm 且含量不超过 5%。

### 三、仪器设备

(1)圆孔筛:孔径 40mm、20mm 及 5mm 筛各 1 个。

(2)试筒:内径 152mm、高 170mm 的金属圆筒;套环,高 50mm;筒内垫块,直径 151mm、高 50mm;夯击底板,同击实仪的大击实筒。

(3)夯锤和导管:夯锤的底面直径 50mm,总质量 4.5kg。夯锤在导管内的总行程为 450mm,夯锤的形式和尺寸与重型击实试验法所用的相同。

(4)贯入杆:端面直径 50mm、长约 100mm 的金属柱。

(5)路面材料强度仪或其他荷载装置:能量不小于 50kN,能调节贯入速度至每分钟贯入 1mm,可采用测力计式,如图 6-9 所示。

(6)百分表:3 个。

(7)试件顶面上的多孔板(测试件吸水时的膨胀量),如图 6-10 所示。

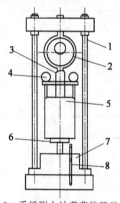

图 6-9　手摇测力计载荷装置示意图

1-框架;2-量力环;3-贯入杆;4-百分表;5-试件;

6-升降台;7-蜗轮蜗杆箱;8-摇把

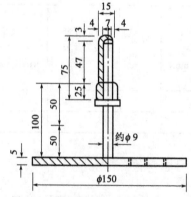

图 6-10　带调节杆的多孔板(单位:mm)

(8)多孔底板(试件放上后浸泡水中)。

(9)测膨胀量时支承百分表的架子,如图6-11所示。或采用压力传感器测试。

(10)荷载板:直径150mm,中心孔眼直径52mm,每块质量1.25kg,共4块,并沿直径分为两个半圆块,如图6-12所示。

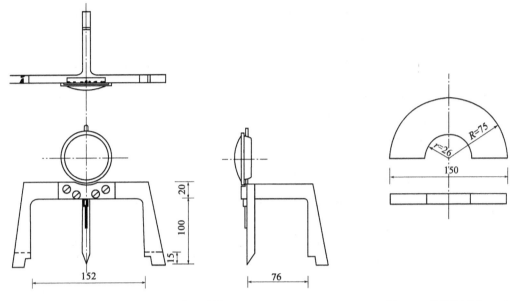

图6-11 膨胀量测定装置(单位:mm)　　　　图6-12 荷载板(单位:mm)

(11)水槽:浸泡试件用,槽内水面应高出试件顶面25mm。

(12)其他:台秤,感量为试件用量的0.1%;拌和盘、直尺、滤纸、脱模器等,与击实试验相同。

## 四、试样

将具有代表性的风干试料(必要时可在50℃烘箱内烘干),用木碾捣碎,但应尽量注意不使土粒料的单个颗粒破碎。土团均应捣碎到通过5mm的筛孔。采取有代表性的试料50kg,用40mm筛筛除大于40mm的颗粒,并记录超尺寸颗粒的百分数。将已过筛的试料按四分法取约25kg。再用四分法将取出的试料分成4份,每份质量6kg,供击实试验和制试件之用。

在预定做击实试验的前一天,取有代表性的试料测定其风干含水率。测定含水率用的试样数量可参照表6-14采取。

## 五、试验步骤

(1)称试筒本身质量($m_1$),将试筒固定在底板上,将垫块放入筒内,并在垫块上放一张滤纸,安上套环。

(2)将试料按表6-15中Ⅱ-2规定的层数和每层击数进行击实,求试料的最大干密度和最佳含水率。

测定含水率用试样的数量 表 6-14

| 最大粒径(mm) | 试样质量(g) | 个 数 |
|---|---|---|
| <5 | 15~20 | 2 |
| 约 5 | 约 50 | 1 |
| 约 20 | 约 250 | 1 |
| 约 40 | 约 500 | 1 |

击实试验方法种类 表 6-15

| 试验方法 | 类别 | 锤底直径(cm) | 锤质量(kg) | 落高(cm) | 试筒尺寸 | | 试样尺寸 | | 层数 | 每层击数 | 击实功(kJ/m³) | 最大粒径(mm) |
|---|---|---|---|---|---|---|---|---|---|---|---|---|
| | | | | | 内径(cm) | 高(cm) | 高度(cm) | 体积(cm³) | | | | |
| 轻型 | I-1 | 5 | 2.5 | 30 | 10 | 12.7 | 12.7 | 997 | 3 | 27 | 598.2 | 20 |
| | I-2 | 5 | 2.5 | 30 | 15.2 | 17 | 12 | 2177 | 3 | 59 | 598.2 | 40 |
| 重型 | I-1 | 5 | 4.5 | 45 | 10 | 12.7 | 12.7 | 997 | 5 | 27 | 2687.0 | 20 |
| | II-2 | 5 | 4.5 | 45 | 15.2 | 17 | 12 | 2177 | 3 | 98 | 2677.2 | 40 |

(3)将其余 3 份试料,按最佳含水率制备 3 个试件。将一份试料平铺于金属盘内,按事先计算得到的该份试料应加的水量[按式(6-14)]均匀地喷洒在试料上。

$$m_w = \frac{m_i}{1 + 0.01w_i} \times 0.01(w - w_i) \qquad (6-14)$$

式中：$m_w$——所需的加水量,g;

$m_i$——含水率 $w_i$ 时土样的质量,g;

$w_i$——土样原有含水率,%;

$w$——要求达到的含水率,%。

用小铲将试料充分拌和到均匀状态,然后装入密闭容器或塑料口袋内浸润备用。

浸润时间:重黏土不得少于 24h,轻黏土可缩短到 12h,砂土可缩短到 1h,天然砂砾可缩短到 2h 左右。

制备每个试件时,都要取样测定试料的含水率。

注：需要时,可制备三种干密度试件。如每种干密度试件制备 3 个,则共制备 9 个试件。每层击数分别为 30 次、50 次和 98 次,使试件的干密度从低于 95% 到等于 100% 的最大干密度。这样,9 个试件共需试料约 55kg。

(4)将试筒放在坚硬的地面上,取备好的试样分 3 次倒入筒内(视最大料径而定),每层需试样 1700g 左右(其量应使击实后的试样高出 1/3 筒高 1~2mm)。整平表面,并稍加压紧,然后按规定的击数进行第一层试样的击实,击实时锤应自由垂直落下,锤迹必须均匀分布于试样面上。第一层击实完后,将试样层面"拉毛",然后再装入套筒,重复上述方法进行其余每层试样的击实。大试筒击实后,试样不宜高出筒高 10mm。

（5）卸下套环,用直刮刀沿试筒顶修平击实的试件,表面不平整处用细料修补。取出垫块,称试筒和试件的质量($m_2$)。

（6）泡水测膨胀量的步骤如下:

①在试件制成后,取下试件顶面的破残滤纸,放一张好滤纸,并在其上安装附有调节杆的多孔板,在多孔板上加 4 块荷载板。

②将试筒与多孔板一起放入槽内(先不放水),并用拉杆将模具拉紧,安装百分表,并读取初读数。

③向水槽内放水,使水自由进到试件的顶部和底部。在泡水期间,槽内水面应保持在试件顶面以上大约 25mm。通常试件要泡水 4 昼夜。

④泡水终了时,读取试件上百分表的终读数,并用式(6-15)计算膨胀量:

$$膨胀量 = \frac{泡水后试件高度变化}{原试件高（=120mm）} \times 100 \qquad (6-15)$$

⑤从水槽中取出试件,倒出试件顶面的水,静置 15min,让其排水,然后卸去附加荷载和多孔板、底板和滤纸,并称量($m_3$),以计算试件的湿度和密度的变化。

（7）贯入试验。

①将泡水试验终了的试件放到路面材料强度试验仪的升降台上,调整偏球座,对准、整平并使贯入杆与试件顶面全面接触,在贯入杆周围放置 4 块荷载板。

②先在贯入杆上施加 45N 荷载,然后将测力和测变形的百分表指针均调整至整数,并记读起始读数。

③加荷使贯入杆以 $1 \sim 1.25$mm/min 的速度压入试件,同时测记三个百分表的读数。记录测力计内百分表某些整天读数(如 20、40、60)时贯入量,并注意使贯入量为 $250 \times 10^{-2}$mm 时,能有 5 个以上的读数。因此,测力计内的第一个读数应是贯入量 $30 \times 10^{-2}$mm 左右。

（8）试验精度和误差:如根据 3 个平行试验结果计算承载比的变异系数大于 12%,则去掉一个偏离大的,取其余两个结果的平均值。如变异系数小于 12%,且 3 个平行试验结果计算的干密度偏差小于 $0.03$g/cm³,则取 3 个结果的平均值。如 3 个试验结果计算的干密度偏差超过 $0.03$g/cm³,则去掉一个偏差大的,取其余两个结果的平均值。

## 六、结果整理

（1）以单位压力($P$)为横坐标,贯入量($l$)为纵坐标,绘制 $P\text{-}l$ 关系曲线,如图 6-13 所示。图上曲线 1 是合适的。曲线 2 开始段是凹曲线,需要进行修正。修正时在变曲率点引一切线,与纵坐标交于 $O'$ 点,$O'$ 即为修正后的原点。

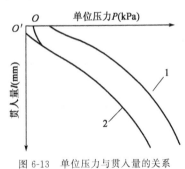

图 6-13　单位压力与贯入量的关系

（2）一般采用贯入为 2.5mm 时的单位压力与标准压力之比作为材料的承载比（CBR）。即

$$CBR = \frac{P}{7000} \times 100 \qquad (6\text{-}16)$$

式中：CBR——承载比，%，计算至 0.1；

       $P$——单位压力，kPa。

同时按式(6-17)计算贯入量为 5mm 时的承载比。

$$CBR = \frac{P}{10500} \times 100 \qquad (6\text{-}17)$$

如贯入量为 5mm 时的承载比大于 2.5mm 时的承载比，即试验应重做。如结果仍然如此，则采用 5mm 时的承载比。

（3）试件的湿密度用式(6-18)计算：

$$\rho = \frac{m_2 - m_1}{2177} \qquad (6\text{-}18)$$

式中：$\rho$ ——试件的湿密度，g/cm³，计算至 0.01；

    $m_2$——试筒和试件的合质量，g；

    $m_1$——试筒的质量，g；

  2177——试筒的容积，cm³。

（4）试件的干密度用式(6-19)计算：

$$\rho_d = \frac{\rho}{1 + 0.01w} \qquad (6\text{-}19)$$

式中：$\rho_d$ ——试件的干密度，g/cm³，计算至 0.01；

    $w$ ——试件的含水率。

（5）泡水后试件的吸水量按式(6-20)计算：

$$m_a = m_3 - m_2 \qquad (6\text{-}20)$$

式中：$m_a$——泡水后试件的吸水量，g；

    $m_3$——泡水后试筒和试件的合质量，g；

    $m_2$——试筒和试件的合质量，g。

（6）本试验记录格式如表 6-16 和表 6-17 所示。

## 贯入试验记录

表 6-16

土 样 编 号 ＿＿＿＿＿＿＿＿

最 大 干 密 度 ＿1.69g/cm³＿

最 佳 含 水 率 ＿18%＿

每 层 击 数 ＿98＿

量力环校正系数 $C=$ ＿0.2398kN/0.01mm＿

试 验 者 ＿×××＿

计 算 者 ＿×××＿

校 核 者 ＿×××＿

试 验 日 期 ＿2013.7.8＿

贯入杆面积 $A=$ ＿$1.9635×10^{-3}$ m²＿

$$P=\frac{C\times R}{A}$$

$l=2.5$mm 时，$P=611$kPa

$\text{CBR}=\dfrac{P}{7000}\times100=8.7\%$

$l=5.0$mm 时，$P=690$kPa

$\text{CBR}=\dfrac{P}{10500}\times100=6.6\%$

| 荷载测力计百分表 | | 单位压力 | 贯入量百分表读数 | | | | | 贯入量 |
| --- | --- | --- | --- | --- | --- | --- | --- | --- |
| | | | 左表 | | 右表 | | 平均值 | |
| 读数 | 变形值 | | 读数 | 位移值 | 读数 | 位移值 | | |
| $R_1'$ (0.01mm) | $R_1=R_{i+1}'-R_i'$ (0.01mm) | $P$ (kPa) | $R_{1i}$ (0.01mm) | $R_1=R_{1i+1}-R_{1+i}$ (0.01mm) | $R_{2i}$ (0.01mm) | $R_2=R_{2i+1}-R_{2i}$ (0.01mm) | $R_1=\frac{1}{2}(R_1+R_2)$ (0.01mm) | $l$ (mm) |
| 0.0 | 0.9 | 110 | 0.0 | 60.4 | 0.0 | 60.6 | 60.6 | 0.61 |
| 0.9 | | | 60.4 | | 60.6 | | | |
| 1.8 | 1.8 | 220 | 106.5 | 106.5 | 106.5 | 106.5 | 106.5 | 1.07 |
| 2.9 | 2.9 | 354 | 151.1 | 151.1 | 150.9 | 150.9 | 151.0 | 1.51 |
| 4.0 | 4.0 | 489 | 193.9 | 193.9 | 194.1 | 194.1 | 194.0 | 1.94 |
| 4.8 | 4.8 | 586 | 240.4 | 240.4 | 240.6 | 240.6 | 240.5 | 2.41 |
| 5.1 | 5.1 | 623 | 286.1 | 286.1 | 285.9 | 285.9 | 286.0 | 2.86 |
| 5.4 | 5.4 | 660 | 335.0 | 335.0 | 335.0 | 335.0 | 335.0 | 3.34 |
| 5.6 | 5.6 | 684 | 383.0 | 383.0 | 383.0 | 383.0 | 383.0 | 3.83 |
| 5.6 | 5.6 | 684 | 488.0 | 488.0 | 488.0 | 488.0 | 488.0 | 4.88 |

**膨胀量试验记录**　　　　　　　　　　　　　　　　表 6-17

| | 试 验 次 数 | | | 1 | 2 | 3 |
|---|---|---|---|---|---|---|
| 膨胀量 | 筒号 | ① | | 11 | 15 | 14 |
| | 泡水前试件(原试件)高度(mm) | ② | | 120 | 120 | 120 |
| | 泡水后试件高度(mm) | ③ | | 128.6 | 136.5 | 133 |
| | 膨胀量(%) | ④ | $\dfrac{③-②}{②}\times100$ | 7.167 | 13.75 | 10.83 |
| | 膨胀量平均值(%) | | | | 10.58 | |
| 密度 | 筒质量(g) | ⑤ | | 6660 | 4640 | 5390 |
| | 筒+试件质量(g) | ⑥ | | 10900 | 8937 | 9790 |
| | 筒体积(cm³) | ⑦ | | 2177 | 2177 | 2177 |
| | 湿密度(g/cm³) | ⑧ | [⑥-⑤]/⑦ | 1.948 | 1.974 | 2.021 |
| | 含水率(%) | ⑨ | | 16.93 | 18.06 | 26.01 |
| | 干密度(g/cm³) | ⑩ | ⑧/[1+0.01×⑨] | 1.666 | 1.672 | 1.604 |
| | 干密度平均值(g/cm³) | | | | 1.647 | |
| 吸水量 | 饱水后筒+试件质量(g) | ⑪ | | 11530 | 9537 | 10390 |
| | 吸水量(g) | ⑫ | ⑪-⑥ | 630 | 600 | 600 |
| | 吸水量平均值(g) | | | | 610 | |

## 复习思考题

1. 什么是承载比,其试验的意义是什么?

2. 承载比试验的精度要求是什么?

# 第七章　土的有机质化学性质试验

## 第一节　土的有机质含量试验

### 一、定义

土中有机质系是以碳、氮、氢、氧为主体,还有少量的硫、磷以及金属元素等组成的有机化合物的总和。其在土中存在的状态有的呈游离态,有的则与矿物颗粒相结合。

有机质含量的测定方法很多,如重量法(干烧法和湿烧法)、容量法、比色法等。重量法对土样的灼烧由于不仅烧失了有机质,同时也使土中的一些盐类因热分解和使结晶水逸出,所以其对有机质的测定不够准确,只能大略评估,比色法虽简单迅速,但色彩法变化影响因素较多,故仍很粗略。容量法是用重铬酸钾氧化有机质来确定其含量,有较高的精确度,且简便易行,故本试验采用容量法(重铬酸钾氧化法)。

### 二、目的

土中有机质含量的多少,对土的理化性能有着重要影响。如泥炭含量高则土的收缩性大,承载力低;腐殖质含量高则与矿物颗粒结合,使其持水性强,表面作用强,离子交换性能高;淤泥有机质土则具有分散性,含水率高,相对密度小,持水性大的性质。故总的来说,其表现出的含水率大,干重度小,孔隙比大,膨胀和收缩性强烈,压缩性大,承载力小等特点,对工程是不利的,所以有必要了解其在土中的存在情况。

### 三、原理

容量法(重铬酸钾氧化法)的基本原理是指通过强氧化剂重铬酸钾加热消煮来氧化有机质,以氧化剂的消耗量求出有机质的量,此法对有机质的氧化完全程度约为 $90\% \sim 95\%$,且有较高的精确度,具体反应原理如下:

$$2K_2Cr_2O_7 + 8H_2SO_4 + 3C \rightleftharpoons 2K_2SO_4 + 2Cr_2(SO_4)_3 + 3CO_2 + 8H_2O$$

剩余的重铬酸钾则用硫酸亚铁或硫酸亚铁铵的标准溶液滴定:

$$K_2Cr_2O_7 + 7H_2SO_4 + 6FeSO_4 \rightleftharpoons 3Fe_2(SO_4)_3 + Cr_2(SO_4)_3 + K_2SO_4 + 7H_2O$$

从而得到了氧化有机质的重铬酸钾的消耗量。由上述反应可看出:1mg 当量重铬酸钾相当于 0.003mg 的碳,一般有机质的含碳量为 58%,将有机碳量换算为有机质时应乘以 100/58＝1.724 的换算系数,所以,根据重铬酸钾消耗的毫克当量再乘以上述换算系数,便可求出土中有机质的含量。因此法对有机质的氧化完全程度为 $90\% \sim 95\%$,故土中总有机质含量还应再乘以 1.1 的氧化校正系数。

### 四、仪器设备

（1）分析天平：称量 200g。

（2）电炉：附自动控温调节器。

（3）油浴锅：应带铁丝笼。

（4）温度计：0～250℃，精度 1℃。

### 五、试剂制备

本试验所需试剂及其制备如下：

（1）重铬酸钾-硫酸溶液 $\left(0.0750\text{mol/L}\ \frac{1}{6}\text{K}_2\text{Cr}_2\text{O}_7\text{-H}_2\text{SO}_4\right)$：用分析天平称取经 105～110℃烘干并研细的重铬酸钾 44.123g，溶于 800mL 蒸馏水中（必要时可加热），缓缓加入浓硫酸 1000mL，边加入边搅拌，冷却至室温后用水定容至 2L。

（2）0.2mol/L 硫酸亚铁（或硫酸亚铁铵）溶液：称取硫酸亚铁（$\text{FeSO}_4 \cdot 7\text{H}_2\text{O}$ 分析纯）56g 或硫酸亚铁铵 $[(\text{NH}_4)_2\text{SO}_4\text{FeSO}_4 \cdot 6\text{H}_2\text{O}]$ 80g，溶于蒸馏水中，加 15mL 浓硫酸（密度 1.84g/mL 化学纯）。然后加蒸馏水稀释至 1L，密封储存于棕色瓶中。

（3）邻菲啰啉指示剂：称取邻菲啰啉（$\text{C}_{12}\text{H}_8\text{N}_2 \cdot \text{H}_2\text{O}$）1.485g，硫酸亚铁（$\text{FeSO}_4 \cdot 7\text{H}_2\text{O}$）0.695g，溶于 100mL 蒸馏水中，此时试剂与 $\text{Fe}^{2+}$ 形成红棕色络合物，即 $[\text{Fe}(\text{C}_{12}\text{H}_8\text{N}_2)_3]^{2+}$，储存于棕色滴瓶中。

（4）石蜡（固体）或植物油 2kg。

（5）浓硫酸（$\text{H}_2\text{SO}_4$），密度 1.84g/mL 化学纯。

（6）灼烧过的浮石粉或土样：取浮石或矿质土约 200g，磨细并通过 0.25mm 筛，分散装入数个瓷蒸发皿中，在 700～800℃的高温炉中灼烧 1～2h，把有机质完全烧尽后备用。

（7）硫酸亚铁（或硫酸亚铁铵）溶液的标定：准备吸取 $\text{K}_2\text{Cr}_2\text{O}_7$ 标准溶液 3 份，每份 20mL，分别注入 150mL 锥形瓶中，用蒸馏水稀释至 60mL 左右，滴入邻菲啰啉指示剂 3～5 滴，用硫酸亚铁（或硫酸亚铁铵）溶液进行滴定，使锥形瓶中的溶液由橙黄经蓝绿色突变至橙红色为止。按用量计算硫酸亚铁（或硫酸亚铁铵）溶液的浓度，准确至 0.0001mol/L，取 3 份计算结果的算术平均值即为硫酸亚铁（或硫酸亚铁铵）溶液的标准浓度。

### 六、有机质含量测定试验步骤

（1）用分析天平准确称取通过 100 目筛的风干土样 0.1000～0.5000g，放入一干燥的硬质试管中，用滴定管准确加入 $0.0750\text{mol/L}\ \frac{1}{6}\text{K}_2\text{Cr}_2\text{O}_7\text{-H}_2\text{SO}_4$ 标准溶液 10mL（在加入 3mL 时摇动试管使土样分散），并在试管口插入一小玻璃漏斗，以冷凝蒸发出的水汽。

（2）将 8～10 个已装入土样和标准溶液的试管插入铁丝笼中（每笼中均有 1～2 个空白试管），然后将铁丝笼放入温度为 185～190℃的石蜡油浴锅中，试管内的液面应低于油面，要求放入后油浴锅油温下降至 170～180℃，以后应注意控制电炉，使油温维持在 170～180℃，待试管内试液沸腾时开始计时，煮沸 5min，取出试管稍冷，并擦净试管外部油液。

(3)将试管内试样倾入 250mL 锥形瓶中,用水洗净试管内部及小玻璃漏斗,使锥形瓶中的溶液总体积达 60～70mL,然后加入邻菲啰啉指示剂 3～5 滴,摇匀,用硫酸亚铁(或硫酸亚铁铵)标准溶液滴定,溶液由橙黄色经蓝绿色突变为橙红色时即为终点,记下硫酸亚铁(或硫酸亚铁铵)标准溶液的用量,精确至 0.01mL。

(4)空白标定:用灼烧土代替土样,其他操作均与土样相同,记录硫酸亚铁用量。

## 七、计算及记录

(1)有机质含量按式(7-1)计算:

$$有机质含量(\%) = \frac{C_{FeSO_4}(V'_{FeSO_4} - V_{FeSO_4}) \times 0.003 \times 1.724 \times 1.1}{m_g} \times 100 \qquad (7\text{-}1)$$

式中:$C_{FeSO_4}$——硫酸亚铁标准溶液的浓度,mol/L;

$V'_{FeSO_4}$——空白标定时所用去的硫酸亚铁标准溶液的量,mL;

$V_{FeSO_4}$——测定土样时所用去的硫酸亚铁标准溶液的量,mL;

$m_g$——土样质量(将风干土换算为烘干土),g;

0.003——1/4 碳原子的摩尔质量,g/mmol;

1.724——有机碳换算成有机质的系数;

1.1——氧化校正系数。

(2)试验记录格式如表 7-1 所示。

**有机质含量试验记录**　　　　　　　　　　　表 7-1

工程名称　　<u>G110 路基土</u>　　　　　　试验计算　　<u>×××</u>

土样编号　　<u>土 1-9</u>　　　　　　　　校 核 者　　<u>×××</u>

土样说明　<u>K500＋800 处取样</u>　　　试验日期　<u>2013 年 9 月 5 日</u>

| 硫酸亚铁标准液浓度:0.1434 | | | | |
|---|---|---|---|---|
| 试验次数 | | | 1 | 2 |
| 土样质量 $m_s$(g) | | | 0.3992 | 0.4016 |
| 空白标定消耗硫酸亚铁标准液的量 $V'_{FeSO_4}$(mL) | 滴定前读数 | | 0.00 | 0.00 |
| | 滴定后读数 | | 24.87 | 24.87 |
| | 滴定消耗 | | 24.87 | 24.87 |
| 滴定土样消耗标准液的量 $V_{FeSO_4}$(mL) | 滴定前读数 | | 0.00 | 0.00 |
| | 滴定后读数 | | 19.20 | 19.20 |
| | 滴定消耗 | | 19.20 | 19.20 |
| 有机质(%) | | | 1.16 | 1.15 |
| 平均有机质(%) | | | 1.15 | |

## 八、注意事项

(1)土样中的植物根务必剔除,因为所测定的有机质并不包括这些未腐解的植物根。

(2)沼泽土及长期浸渍于水的土,常含有亚铁化合物及其他还原性物质,它们会消耗部分重铬酸钾,使结果偏高。对这类土可风干磨细后摊成薄层,置于室内通风处 10d 左右,使其中亚铁氧化。

（3）消煮用的试管应干燥洁净，土样要置于底部不得黏附于管壁上，以保证全部土样均能充分消煮。

（4）加重铬酸钾时，可用 10mL 滴定管缓慢滴入，因该溶液浓度高，黏性大，易黏附管壁，使用量不准，造成误差。重铬酸钾适宜的用量应当是在消煮完毕后，至少过量 25%，否则氧化不完全。

（5）消煮后重铬酸钾溶液若显绿色，表示氧化剂用量不足，应减少土样，重新试验。

（6）滴定时硫酸亚铁用量小于空白试验用量的 1/3 时，也可能氧化不完全，应减少称样重做。

（7）消煮时，沸腾时间应从试管内溶液开始滚动或冒较大气泡时算起，并严格控制为 5min，因消煮时间对结果影响较大。

（8）由于此法氧化能力有一定限度，故适用于有机质含量小于 15% 的土样。

**复习思考题**

1.土中的有机质对土的工程性质有什么影响？

2.土中的有机质含量达到多少时不能作为路基填料？为什么？

# 第二节　土中易溶盐试验

## 一、易溶盐总量测定试验

### (一)定义

土中易溶盐包括所有的氧化物盐类、易溶的硫酸盐和碳酸盐，这些盐类既可以呈固态，也可以呈液态存在于土中，而且经常相互转化。它们溶解在孔隙溶液中的阳离子与土粒表面吸附的阳离子之间，可以相互置换，并处于动平衡状态，是土中较易变化的物质，其含量和成分易随环境条件，特别是水分状况的改变而变化，对土粒表面扩散双电层的性状和结构联结的特性等有较大的影响，从而引起土的物理力学性质的变化。

### (二)目的

土中易溶盐含量高，孔隙溶液电解质浓度较大时，可以压抑土粒表面的双电层，使土粒间斥力减弱，吸引力增大，促进相互凝聚并加强结构联结，使土具有较高的力学强度。但是当盐类受到水的溶滤时，孔隙溶液中电解质浓度降低。故易溶盐含量高的土不宜作为工程土料，需在使用前测定其易溶盐分总含量。

### (三)原理

土中易溶盐总量的测定方法常用的主要有两种：重量法(烘干法)，电测法。电测法虽简单迅速，但需要特殊仪器(电导仪)，而且该法易受各种因素如盐分组成、温度等的影响，精度较差，故本试验采用重量法(烘干法)。

重量法的原理是按一定土水比例，用水将土中易溶盐类浸出，烘干，称重，所称得的烘干物质作为易溶盐的总量。

**(四)待测液的制备**(易溶盐总量及其他离子测定)

1.仪器设备

(1)滤设备:包括真空泵,平底瓷漏斗,抽滤瓶。

(2)离心机:转速为4000r/min。

(3)天平:称量200g,感量0.01g。

(4)广口塑料瓶:1000mL。

(5)往复式电动振荡机。

2.制备步骤

(1)称取通过1mm筛孔的烘干土样50~100g(视土中含盐量和分析项目而定),精确至0.01g,放入干燥的1000mL广口塑料瓶中(1000mL三角瓶内),按土水比例1:5加入不含二氧化碳的蒸馏水(即把蒸馏水煮沸10min,迅速冷却),盖好瓶塞,在振荡机上(或用手剧烈振荡)3min,立即进行过滤。

(2)采用抽气机过滤时,滤前需将波纸剪成和平底瓷漏斗底部同样大小,并平放在漏斗底上,先加少量蒸馏水抽滤,使滤纸与漏斗底密接,然后换上另一个干洁的抽滤瓶进行抽滤,抽滤时要将土悬浊液摇匀后倾入漏斗,使土粒在漏斗底铺成薄层,填塞滤纸孔隙,以阻止细土粒通过,在往漏斗内倾入土悬浊液前需先打开抽气设备,轻微抽气,可避免滤纸浮起,以致滤液浑浊。漏斗上要盖一表面皿,以防水汽蒸发。如发现滤液浑浊,需反复过滤至澄清为止。

(3)当发现抽滤方式不能达到滤液澄清时,应用离心机分离,所得的透明滤液,即为水溶性盐的浸出液。

(4)水溶性盐的浸出液,不能久放,pH:$CO_3^{2-}$,$HCO_3^-$离子等项测定,应立即进行,其他离子的测定最好都能在当天做完。

**(五)易溶盐总量的测定**(质量法)

1.仪器设备

(1)分析天平:称重200g,感量0.0001g。

(2)水浴锅,瓷蒸发皿,干燥器。

2.试剂

(1)15%的$H_2O_2$。

(2)2%的$Na_2CO_3$溶液。

3.试验步骤

(1)用移液管吸出浸出液50mL或100mL(视易溶盐含量多少而定),注入已经在105~110℃烘至恒量(前后两次质量之差不大于1mg)的蒸发皿中,盖上表面皿,架空放在沸腾水浴上蒸干(若吸取溶液太多时,可分次蒸干),蒸干后残渣如呈现黄褐色时(有机质所致),应加入15%$H_2O_2$ 1~3mL,继续在水浴锅上蒸干,反复处理至黄褐色消失。

(2)将蒸发皿放入105~110℃的烘干箱中烘干4~8h,取出后放入干燥器中冷却0.05h,称量,再反复烘干2~4h,冷却0.5h,用分析天平称量,反复进行至前后两次质量差值不大于0.0001g。

**4. 计算及记录**

(1)全盐量计算,见式(7-2)。

$$全盐量(\%) = \frac{m_2 - m_1}{m_s} \times 100 \qquad (7\text{-}2)$$

式中:$m_2$——蒸发皿+蒸干残渣质量,g;

$m_1$——蒸发皿质量,g;

$m_s$——相当于 50mL 或 100mL 浸出液的干土样质量,g。

(2)易溶盐总量试验记录格式如表 7-2 所示。

**易溶盐总量试验记录表**                                    表 7-2

工程名称　　G209 路基土　　　　　试验计算　　×××
土样编号　　土 3-6　　　　　　　　校 核 者　　×××
土样说明在 K4+560 处取样　　　　　试验日期2013 年 8 月 26 日

| 吸取浸出液体积 V(mL) | 50 | |
|---|---|---|
| 试验次数 | 1 | 2 |
| 残渣+蒸发皿的质量(g) | 57.3974 | 57.4828 |
| 蒸发皿的质量(g) | 57.3850 | 57.4700 |
| 残渣的质量 | 0.0124 | 0.0128 |
| 全盐量(%) | 0.124 | 0.128 |
| 全盐量平均值(%) | 0.126 | |

**(六)注意事项**

(1)本试验烘干物质中除易溶盐外,实际不可避免地还有少量的中溶盐硫酸钙和微量的碳酸钙、碳酸镁,以及某些胶体等,应注意考虑。

(2)残渣中如果 $CaSO_4 \cdot 2H_2O$ 或 $MgO_4 \cdot 7H_2O$ 的含量较高时,105～110℃不能除尽这些水合物中所含的结晶水,在称量时较难达到"恒量",遇此情况应在 180℃烘干。

(3)潮湿盐土含 $CaCl_2 \cdot 6H_2O$ 和 $MgCl_2 \cdot 6H_2O$ 的量较高,这些化合物极易吸湿,水解,即使在 180℃干燥,也不能得到满意结果,遇这种土样,可在浸出液中先加入 10mL2‰$Na_2CO_3$ 溶液,蒸干时即生成 NaCl、$Na_2CO_3$、$CaCO_3$、$MgCO_3$ 等沉淀,再在 180℃烘干 2h,即可达到"恒量",加入的 $Na_2CO_3$ 量应从盐分总量中减去。

(4)由于盐分(特别是镁盐)在空气中,容易吸水,故应在相同的时间和条件下冷却称量。

## 二、碳酸根、碳酸氢根离子含量试验

**1. 目的**

易溶的碳酸盐主要是碳酸钠和重碳酸钠,其溶液呈较强的碱性,改变了土体的酸碱性,是土的天然分散剂,能减弱或破坏土的塑性黏性,使其吸水性大,渗透系数小,具有较高的膨胀性,导致路基的不均匀膨胀与收缩,影响工程质量,故要求测定其含量。

**2. 原理**

$CO_3^{2-}$ 和 $HCO_3^-$ 测定采用的双指示剂中和滴定法是利用碱金属碳酸盐和重碳酸盐水解时

碱性强弱不同,用酸分步滴定,并以不同指示剂指示终点,由标准酸液用量算出 $CO_3^{2-}$ 及 $HCO_3^-$ 的含量,反应过程如下:

$CO_3^{2-}+H^+\Longrightarrow HCO_3^-$　以酚酞指示滴定终点(pH＝8.3)

$HCO_3^-+H^+\Longrightarrow O_2+H_2O$　以甲基橙指示滴定终点(pH＝3.8)

计算 $CO_3^{2-}$ 含量时,应将第一次滴定所用标准酸液用量乘以 2,由上述反应可知酚酞指示的终点,仅 $CO_3^{2-}$ 转变成 $HCO_3^-$,故尚需同量的酸液方能使其完全中和为二氧化碳和水。

计算 $HCO_3^-$ 含量时,应将第二次滴定所用标准酸用量,减去第一次滴定用量,因第一次滴定后,$CO_3^{2-}$ 中和成的 $HCO_3^-$ 也参加了第二次滴定,即第二次滴定标准酸的用量包括中和由 $CO_3^{2-}$ 变成的 $HCO_3^-$ 以及溶液中原有的 $HCO_3^-$。

3.仪器设备

(1)酸式滴定管:刻度 0.1mL。

(2)移液管(大肚型):25mL。

(3)三角瓶:150mL 或 200mL。

(4)分析天平:称量 200g,感量 0.0001g。

(5)量筒、容量瓶、电热干燥箱等。

4.试剂制备

(1)0.1mol/L $\frac{1}{2}H_2SO_4$ 标准:量取浓硫酸(密度 1.848g/mL)3mL,加入到 1000mL 去除 $CO_2$ 的蒸馏水中,然后稀释定容至 5000mL,按第(4)条标定。

(2)0.1％甲基橙指示剂:0.1g 甲基橙溶于 100mL 蒸馏水中。

(3)0.5％酚酞指示剂:0.5g 酚酞溶于 50mL95％酒精中,再加 50mL 蒸馏水。

(4)硫酸标准溶液的标定:称取在 160～180℃ 下烘 2～4h 的无水 $Na_2CO_3$ 3 份。每份约 0.1g,精确至 0.0001g,分别放入 3 个三角瓶中,注入 25mL 煮沸逐出 $CO_2$ 的蒸馏水使其溶解,加入甲基橙指示剂 2 滴,用配制好的硫酸标准溶液滴定至溶液由黄色变为橙色为止,记下硫酸标准溶液的用量(mL)。硫酸标准溶液的准确度应按下式计算,精确至 0.0001mol/L,取 3 个计算结果的算术平均值作为硫酸标准溶液的确切浓度。

$$C=\frac{m}{V\times 0.053} \tag{7-3}$$

式中:$C$——$\frac{1}{2}H_2SO_4$ 溶液的浓度,mol/L;

　　　$m$——无水 $Na_2CO_3$ 的质量,g;

　　　$V$——$\frac{1}{2}H_2SO_4$ 溶液的用量,mL;

　0.053——$\frac{1}{2}Na_2CO_3$ 的摩尔质量,g/mmol。

5.$CO_3^{2-}$ 及 $HCO_3^-$ 的测定步骤

(1)用移液管吸取浸出液 25mL,注入三角瓶中,滴加 0.5％酚酞指示剂 2～3 滴,如试液不显红色,表示无 $CO_3^{2-}$ 存在,如试液显红色时,则表示有 $CO_3^{2-}$ 存在,即以 $H_2SO_4$ 标准溶液滴定,随滴随摇,至红色刚一消失即为终点。记录消耗 $H_2SO_4$ 标准溶液的体积,精确至 0.01mL

($V_1$)。

(2)在上述试液中再加入 0.1% 甲基橙指示剂 1~2 滴，继续用 $H_2SO_4$ 标准溶液滴定至试液由黄色突变为橙红色为止，读取第二次滴定消耗的 $H_2SO_4$ 标准溶液的体积，精确至 0.01mL ($V_2$)。

(3)滴定后试液，可供测定 $Cl^-$ 用。

6.计算及记录

(1)碳酸根和碳酸氢根含量计算，见式(7-4)~式(7-7)。

$$CO_3^{2-} \left(mmol \frac{1}{2}CO_3^{2-}/kg\right) = \frac{2V_1 \times C}{m} \times 1000 \tag{7-4}$$

$$CO_3^{2-}(\%) = CO_3^{2-} \left(mmol \frac{1}{2}CO_3^{2-}/kg\right) \times 0.0300 \times 10^{-1} \tag{7-5}$$

$$HCO_3^- (mmol HCO_3^-/kg) = \frac{(V_2 - V_1) \times C}{m} \times 1000 \tag{7-6}$$

$$HCO_3^-(\%) = HCO_3^- (mmol HCO_3^-/kg) \times 0.0610 \times 10^{-1} \tag{7-7}$$

式中：$V_1$——滴定 $CO_3^{2-}$ 时消耗 $H_2SO_4$ 标准液体积，mL；

$V_2$——滴定 $HCO_3^-$ 时消耗 $H_2SO_4$ 标准液体积，mL；

$C$——$\frac{1}{2} H_2SO_4$ 标准溶液的浓度，mol/L；

$m$——相当于分析时所取浸出液体积的干土质量，g；

0.0300——$\frac{1}{2}CO_3^{2-}$ 的摩尔质量，g/mmol；

0.0610——$HCO_3^-$ 的摩尔质量，g/mmol。

(2)碳酸根及碳酸氢根试验记录格式如表 7-3 所示。

**碳酸根及碳酸氢根试验记录** 　　　　　　　　　　　　　　　　表 7-3

工程名称 　G110 路基土　　　　　　　试验计算 　×××　

土样编号 　土 3-7　　　　　　　　　　校 核 者 　×××　

土样说明在 K473+600 处取样　　　　　试验日期 2013 年 9 月 30 日

| 吸取浸出液的体积 $V$(mL) | 25 | |
|---|---|---|
| 吸取浸出液体积相当的干土质量(g) | | |
| $H_2SO_4$ 标准液的浓度(mol/L) | 0.01024 | |
| 试验次数 | 1 | 2 |
| 滴定 $CO_3^{2-}$ 时消耗 $H_2SO_4$ 标准液体积(mL) | 0.74 | 0.72 |
| 滴定 $HCO_3^-$ 时消耗 $H_2SO_4$ 标准液体积(mL) | 8.12 | 8.10 |
| $CO_3^{2-}$ (%) | 0.018 | 0.0174 |
| $CO_3^{2-}$ 平均值(%) | 0.0177 | |
| $HCO_3^-$ (%) | 0.166 | 0.166 |
| $HCO_3^-$ 平均值(%) | 0.166 | |

7.注意事项

(1)本测定应在土浸出液过滤后立即进行，否则将由于二氧化碳的吸收或释出而产生

114

误差。

（2）$CO_3^{2-}$ 和 $HCO_3^-$ 的滴定终点应严格控制在 pH＝8.3 和 pH＝3.8，否则将产生误差。

（3）滴定终点的掌握，在无把握时，最好用酸度计测定 pH 来配合选择或用参比溶液对照判断。

### 三、氯离子含量试验

1. 目的

氯化物有很大的溶解度和吸水性，它们可以从空气中逐渐吸收水分而使本身的重量增加，改变土体的密度，其中以氯化钙最显著，可吸收 4～5 倍于自身重量的水分。富含氯化物的土能获得较多的水分，且蒸发性弱，在干旱地区，易于夯实工程，但因其具有较强的吸湿性，在潮湿的雨季，土体过分饱水易产生路基翻浆冒泥的危害，土中氯盐和其他易溶盐分含量较高时，还会影响其他建筑材料如水泥、钢材等的性质，故要求测定其含量。

2. 原理

$Cl^-$ 测定是根据铬酸银与氯化银的溶解度不同，以铬酸钾为指示剂用硝酸根滴定 $Cl^-$ 时，氯化银首先沉淀，等其沉淀完全后，多余的离子才能生成铬酸银砖红色沉淀，此时，即表明 $Cl^-$ 滴定已达终点，反应如下：

$$Cl^- + Ag^+ \longrightarrow AgCl \downarrow （白色）$$
$$2Ag^+ + CrO_4^{2-} \longrightarrow Ag_2CrO_4 \downarrow （砖红色）$$

3. 仪器设备

（1）酸式滴定管（25mL）。

（2）量筒，容量瓶。

（3）细口瓶，三角瓶，称液管。

4. 试剂及其制备

（1）5％铬酸钾指示剂：称取铬酸钾（$K_2CrO_4$）5g 溶于少量蒸馏水中，逐滴加入 1mol/L 硝酸银 $AgNO_3$ 溶液至砖红色沉淀不消失为止，放置一夜后过滤，滤液稀释至 100mL 储存在棕色瓶中备用。

（2）0.02mol/L 硝酸银标准溶液：准确称取经 105～110℃ 烘干 30min 的分析纯 $AgNO_3$ 3.397g，用蒸馏水溶解，倒入 1L 容量瓶中，用蒸馏水定容，储存于棕色细口瓶中。

（3）0.02mol/L 碳酸氢钠（$NaHCO_3$）：1.7g $NaHCO_3$，溶于纯水中，稀释至 1L。

5. $Cl^-$ 测定步骤

在滴定碳酸根和碳酸氢根以后的溶液中继续滴定 $Cl^-$。首先在此溶液中滴入 0.02mol/L $NaHCO_3$ 溶液几滴，使溶液恢复黄色（pH 为 7），然后再加入 5％铬酸钾指示剂 0.5mL，放入三角瓶中，加入甲基橙指示剂，逐滴加入 0.02mol/L 碳酸氢钠（$NaHCO_3$）溶液至试液变为纯黄色，控制 pH 为 7，再加入 5％$K_2CrO_4$ 指示剂 5～6 滴，用硝酸银标准溶液滴定，直至生成砖红色沉淀，记录 $AgNO_3$ 标准溶液用量。若浸出液中 $Cl^-$ 含量很高，可减少浸出液用量，另取一份进行测定。

6. 计算及记录

（1）氯根含量计算，见式（7-8）、式（7-9）。

$$Cl^-(mmol/kg) = \frac{VC}{m} \times 1000 \tag{7-8}$$

$$Cl^-(\%) = Cl^-(mmol/kg) \times 0.0355 \times 10^{-1} \tag{7-9}$$

式中:$C$——硝酸银标准溶液的浓度,mol/L;

   $V$——滴定用硝酸银溶液体积,mL;

   $m$——相当于分析时所取浸出液体积的干土质量,g;

0.0355——氯根的摩尔质量,g/mmol。

(2)氯根试验记录格式表格如表7-4所示。

**氯 根 试 验 记 录**　　　　　　　　　　表7-4

工程名称 ___G110 路基土___　　试验计算 ___×××___

土样编号 ___土 3-9___　　　　校 核 者 ___×××___

土样说明在 K474+600 处取样　　试验日期2013 年 10 月 1 日

| 吸取浸出液的体积 $V$(mL) | 25 | |
|---|---|---|
| 与吸取浸出液相当的土样质量(g) | | |
| $AgNO_3$ 标准液的浓度(mol/L) | 0.01804 | |
| 试验次数 | 1 | 2 |
| 滴定试样消耗 $AgNO_3$ 标准液的量(mL) | 0.88 | 0.90 |
| $Cl^-$(%) | 0.011 | 0.012 |
| $Cl^-$ 平均值(%) | 0.012 | |

**7. 注意事项**

(1)$Cl^-$ 滴定时,溶液的 pH 值应在 6.5~10 之间,因铬酸银能溶于酸中,故溶液 pH 不能低于 6.5。但溶液碱性也不宜过强,若 pH 值大于 10,则会产生氧化银沉淀,所以,滴定前应将溶液调至 pH≈7。

(2)为了使铬酸银红色沉淀能在准确的等当量点时出现,铬酸钾的浓度和用量应予以注意,不得任意增减,溶液中 $CrO_4^{2-}$ 离子浓度过大,会使终点提前出现,使滴定结果偏低,反之,$CrO_4^{2-}$ 浓度过低,则终点推迟出现而结果偏高,一般应每 5mL 溶液加 $K_2CrO_4$ 指示剂 1 滴。

(3)滴定过程中生成的 $AgCl$ 沉淀容易吸附 $Cl^-$,使溶液中的 $Cl^-$ 浓度降低,以致未到等当量点时即过早产生砖红色沉淀 $AgCrO_4$,故滴定时须不断剧烈摇动,使被吸附的 $Cl^-$ 释放出来。

### 四、硫酸根离子含量试验

**1. 目的**

硫酸盐在干燥状态无吸水性,但是它们从溶液中结晶析出时,含有大量结晶水(如 $Na_2SO_4 \cdot 10H_2O$,$MgSO_4 \cdot 7H_2O$),因而体积增大。这些结晶水在 32.4℃时便可脱出,成为无水的硫酸盐,体积缩小。同时,硫酸盐的溶解度也随温度不同而发生急剧变化,如硫酸钠在 40℃时溶解度为 32.5%,0℃时为 4.5%,因此,在温度下降时,可析出大量结晶。硫酸盐的如此易变性,显然对工程建筑是不利的,有必要测定其存在与含量。

2．原理

质量法是在酸性溶液中，以氯化钡为沉淀剂，将硫酸根沉淀为硫酸钡，然后经过滤、灼烧、称量等操作，由硫酸钡的质量换算为硫酸根离子含量，反应如下：

$$Ba^{2+} + SO_4^{2-} \longrightarrow BaSO_4 \downarrow$$

3．仪器设备

（1）高温电炉：温度可自控，最高炉温 1100℃。

（2）瓷坩埚：30mL。

（3）坩埚钳：长柄的。

（4）水浴锅，烧杯，紧密滤纸，漏斗。

（5）移液管（大肚型），量筒，试剂瓶。

（6）漏斗架等。

4．试剂及其制备

（1）1∶3 盐酸：1 份浓盐酸加 3 份蒸馏水混合。

（2）10％氯化钡水溶液：称取 $BaCl_2 \cdot 2H_2O$ 10g 溶于水后，再加水稀释至 100mL。

（3）1％硝酸银溶液：1g $AgNO_3$ 溶于 100mL 蒸馏水中，如有杂质应过滤，滤液要透明。

5．$SO_4^{2-}$ 测定步骤

（1）吸水 50～100mL 水浸提液于 150mL 烧杯中，在水浴上蒸干。用 1∶3 盐酸溶液 5mL 处理残渣，再蒸干，并在 100～105℃烘干 1h。

（2）用 2mL 1∶3 盐酸和 10～30mL 热蒸馏水洗涤，用致密滤纸过滤，除去二氧化硅，再用热水洗至无氯离子反应（用硝酸银检验无浑浊）为止。

（3）滤出液在烧杯中蒸发至 30～40mL，在不断摇动中途趁热滴加 10％氯化钡至沉淀完全，在上部清液中再滴加几滴氯化钡，直至无更多沉淀生成时，再多加 2～4mL 氧化钡，在水浴上继续加热 15～30min，取下烧杯静置 2h。

（4）用紧密无灰滤纸过滤，烧杯中的沉淀用热水洗 2～3 次后转入滤纸，再洗至无氯离子反应为止，但沉淀也不宜过多洗涤。

（5）将过滤纸包移入已灼烧称恒量的坩埚中，小心烤干，灰化至呈白色。

（6）在 600℃高温电炉中灼烧 15～20min，然后在干燥器中冷却 30min 后称量，再将坩埚灼烧 15～20min，称至恒量（两次称量之差小于 0.0005g）。

（7）用相同试剂和滤纸同样处理，做空白试验，测得空白质量。

6．计算及记录

（1）硫酸根含量计算，见式（7-10）、式（7-11）。

$$SO_4^{2-}（\%） = \frac{(m_1 - m_2) \times 0.4116}{m} \times 100 \qquad (7\text{-}10)$$

$$SO_4^{2-}\left(mmol\ \frac{1}{2}SO_4^{2-}/kg\right) = \frac{SO_4^{2-}（\%）}{0.0480} \times 10 \qquad (7\text{-}11)$$

式中：$m_1$——硫酸钡的质量，g；

　　　$m_2$——空白标定的质量，g；

　　　$m$——相当于分析时所取浸出液体积的干土质量，g；

0.4116——硫酸钡换算为硫酸根的系数；

0.0480——硫酸钡的摩尔质量,g/mmol。

（2）硫酸根试验记录格式如表7-5所示。

硫酸根试验记录（质量法）                                    表7-5

工程名称___××高速公路___　　　试验计算___×××___

土样编号___路基土3___　　　　　校核者___×××___

土样说明在 K453＋232 处取样　　　试验日期2013 年 8 月 16 日

| 吸取浸出液的体积 V(mL) | 50 | |
|---|---|---|
| 试验次数 | 1 | 2 |
| （坩埚＋沉淀)质量(g) | 18.3535 | 19.0046 |
| 空坩埚质量(g) | 18.3512 | 19.0022 |
| 沉淀质量(g) | 0.0023 | 0.0024 |
| 空白试验结果(g) | 0.0004 | 0.0004 |
| $SO_4^{2-}$（%） | 0.0078 | 0.0082 |
| $SO_4^{2-}$ 平均值(%) | 0.0080 | |
| $SO_4^{2-}\left(\text{mmol}\,\frac{1}{2}SO_4^{2-}/kg\right)$ | 0.081 | 0.085 |
| $SO_4^{2-}\left(\text{mmol}\,\frac{1}{2}SO_4^{2-}/kg\right)$平均值 | 0.083 | |

7. 注意事项

（1）本方法适用于含硫酸根离子较高的土样,含量低者应采用其他方法（如配位滴定等）。

（2）硫酸钡沉淀应在酸性溶液中进行,一方面可以防止某些阴离子如碳酸根、碳酸氢根、磷酸根和氢氧根等与钡离子发生共同沉淀现象,另一方面硫酸钡沉淀在微酸性溶液中能使结晶颗粒增大,更便于过滤与洗涤。沉淀溶液的酸度不能太高,因硫酸钡沉淀的溶解度随酸度的增大而增大,最好控制在 0.05mol/L 左右。

（3）硫酸钡沉淀同滤纸灰化时,应保证空气的充分供应,否则沉淀易被滤纸烧成的炭所还原。

$$BaSO_4＋4C \longrightarrow BaS＋4CO$$

当发生这种现象时,沉淀呈灰色或黑色,可在冷却后的沉淀中加入 2～3 滴浓硫酸,然后小心加热至白烟不再发生为止,再在 600℃ 的温度下灼烧至恒量,炉温不能过高,否则硫酸钡开始分解。

## 复习思考题

1. 什么是盐渍土?

2. 土中含有不同的盐分时对土的工程性质有什么影响?

# 第八章 岩石的工程地质性质试验

## 第一节 岩石的密度与相对密度试验

### 一、岩石密度试验

**1. 定义**

岩石的密度是指在规定条件下(105～110℃烘干至恒重,在干燥器内冷却至20℃±2℃称量),烘干岩石单位体积(不包括开口与闭口孔隙体积)的质量。

**2. 原理**

将石料粉碎磨细后,通过液体置换法测定其真实体积。

**3. 目的和适用范围**

岩石的密度(颗粒密度)是选择建筑材料、研究岩石风化、评价地基基础工程岩体稳定性及确定围岩压力等必需的计算指标,为计算岩石的孔隙率提供数据。

本试验用洁净水做试液时适用于不含水溶性矿物成分的岩石的密度测定,对含水溶性矿物成分的岩石应使用中性液体(如煤油)做试液。

**4. 仪器设备**

(1)密度瓶:短颈量瓶,容积100mL。

(2)天平:感量0.001g。

(3)轧石机、球磨机、瓷研钵、玛瑙研钵、磁铁块和孔径为0.315mm(0.3mm)的筛子。

(4)砂浴、恒温水槽(灵敏度±1℃)及真空抽气设备。

(5)烘箱:能使温度控制在105～110℃。

(6)干燥器:内装氯化钙或硅胶等干燥剂。

(7)锥形玻璃漏斗和瓷皿、滴管、中骨匙和温度计等。

**5. 试样制备**

取代表性岩石试样在小型轧石机上初碎(或手工用钢锤捣碎),再置于球磨机中进一步磨碎,然后用研钵研细,使之全部粉碎成能通过0.315mm筛孔的岩粉。

**6. 试验步骤**

(1)将制备好的岩粉放在瓷皿中,置于温度为105～110℃的烘箱中烘至恒量,烘干时间一般为6～12h,然后再置于干燥器中冷却至室温(20℃±2℃)备用。

(2)用四分法取两份岩粉,每份试样从中称取15g($m_1$),精确至0.001g(本试验称量精度皆同),用漏斗灌入洗净烘干的密度瓶中,并注入试液至瓶的一半处,摇动密度瓶使岩粉分散。

(3)当使用洁净水作试液时,可采用沸煮法或真空抽气法排除气体。当使用煤油作试液时,应采用真空抽气法排除气体。采用沸煮法排除气体时,沸煮时间自悬液沸腾时算起不得少于1h;采用真空抽气法排除气体时,真空压力表读数宜为100kPa,抽气时间维持1~2h,直至无气泡逸出为止。

(4)将经过排除气体的密度瓶取出擦干,冷却至室温,再向密度瓶中注入排除气体且同温条件的试液,使接近满瓶,然后置于恒温水槽(20℃±2℃)内。待密度瓶内温度稳定,上部悬液澄清后,塞好瓶塞,使多余试液溢出。从恒温水槽内取出密度瓶,擦干瓶外水分,立即称其质量($m_3$)。

(5)倾出悬液,洗净密度瓶,注入经排除气体并与试验同温度的试液至密度瓶,再置于恒温水槽内。待瓶内试液的温度稳定后,塞好瓶塞,将溢出瓶外试液擦干,立即称其质量($m_2$)。

7.结果整理

(1)按式(8-1)计算岩石密度值(精确至0.01g/cm³):

$$\rho_t = \frac{m_1}{m_1 + m_2 - m_3} \times \rho_{wt} \tag{8-1}$$

式中:$\rho_t$——岩石的密度,g/cm³;

$m_1$——岩粉的质量,g;

$m_2$——密度瓶与试液的合质量,g;

$m_3$——密度瓶、试液与岩粉的总质量,g;

$\rho_{wt}$——与试验同温度试液的密度,g/cm³,洁净水的密度由物理手册查得,煤油的密度按式(8-2)计算。

$$\rho_{wt} = \frac{m_5 - m_4}{m_6 - m_4} \rho_w \tag{8-2}$$

式中:$m_4$——密度瓶的质量,g;

$m_5$——瓶与煤油的合质量,g;

$m_6$——密度瓶与经排除气体的洁净水的合质量,g;

$\rho_w$——经排除气体的洁净水的密度(由物理手册查得),g/cm³。

(2)以两次试验结果的算术平均值作为测定值,如两次试验结果之差大于0.02g/cm³时,应重新取样进行试验。

(3)试验记录如表8-1所示。

**岩石密度试验记录**  表8-1

工程名称　　G209 路基　　　　　　试验计算　　　×××

岩样编号　　岩 3-6　　　　　　　　校 核 者　　　×××

岩样说明在 K4+560 处取样　　　　　试验日期2013 年 9 月 26 日

| | 试验温度(℃) | 水的密度(g/cm³) | 烘干质量(g) | 瓶+水质量(g) | 瓶+水+试样质量(g) | 密度(g/cm³) | 均值 |
|---|---|---|---|---|---|---|---|
| 密度 | 22 | 0.998 | 15.000 | 134.698 | 144.191 | 2.72 | 2.73 |
| | | | 15.000 | 135.308 | 144.809 | 2.73 | |
| 备注 | | | | | | | |

8. 注意事项

（1）本试验必须使用容积 100mL 短颈量瓶。

（2）试验用水作试液时，要求水质纯度高，一定不能溶解石粉并与石粉发生化学反应，不含任何被溶解的固体物质。

（3）当使用洁净水作试液时，可采用沸煮法或真空抽气法排除气体。当使用煤油作试液时，应采用真空抽气法排除气体。

（4）本试验操作时，宜将试验室温度控制在 20℃±2℃内。

（5）试样的恒温条件应与测试条件相一致，温度在 20℃±2℃内。

## 二、毛体积密度试验

1. 定义

岩石的毛体积密度（块体密度）是指在规定条件下，烘干岩石包括孔隙在内的单位体积固体材料的质量。

2. 原理

水中称量法和蜡封法的试验原理以阿基米德定律为基础，测定物体所排开的液体的体积就是物体的体积。

3. 目的和适用范围

岩石的毛体积密度（块体密度）是一个间接反映岩石致密程度、孔隙发育程度的参数，也是评价工程岩体稳定性及确定围岩压力等必需的计算指标。根据岩石含水状态，毛体积密度可分为干密度、饱和密度和天然密度。

岩石毛体积密度试验可分为量积法、水中称量法和蜡封法。

量积法适用于能制备成规则试件的各类岩石；水中称量法适用于除遇水崩解、溶解和干缩湿胀外的其他各类岩石；蜡封法适用于不能用量积法或直接在水中称量进行试验的岩石。

4. 仪器设备

（1）切石机、钻石机、磨石机等岩石试件加工设备。

（2）天平：感量 0.01g，称量大于 500g。

（3）烘箱：能使温度控制在 105～110℃。

（4）石蜡及熔蜡设备。

（5）水中称量装置。

（6）游标卡尺。

5. 试件制备

（1）量积法试件制备，试件尺寸以圆柱体作为标准试件，直径为 50mm±2mm、高径比为 2∶1，每组 3 个试件。

（2）水中称量法试件制备，试件尺寸应符合下列规定：试件可采用规则或不规则形状，试件尺寸应大于组成岩石最大颗粒粒径的 10 倍，每个试件质量不宜小于 150g。

（3）蜡封法试件制备，试件尺寸应符合下列规定：将岩样制成边长约 40～60mm 的立方体试件，并将尖锐棱角用砂轮打磨光滑；或采用直径为 48～52mm 的圆柱体试件。测定天然密度的试件，应在岩样拆封后，在设法保持天然湿度的条件下，迅速制样、称量和密封。

(4)试件数量,同一含水状态,每组不得少于 3 个。

6. 量积法试验步骤

(1)量测试件的直径或边长:用游标卡尺量测试件两端和中间三个断面上互相垂直的两个方向的直径或边长,按截面积计算平均值。

(2)量测试件的高度:用游标卡尺量测试件断面周边对称的四个点(圆柱体试件为互相垂直的直径与圆周交点处;立方体试件为边长的中点)和中心点的五个高度,计算平均值。

(3)测定天然密度:应在岩样开封后,在保持天然湿度的条件下,立即加工试件和称量。测定后的试件,可作为天然状态的单轴抗压强度试验用的试件。

(4)测定饱和密度。

自由吸水饱和:

①将试件放入温度为 105～110℃ 的烘箱内烘至恒量,烘干时间一般为 12～24h,取出置于干燥器内,冷却至室温(20℃±2℃),称其质量,精确至 0.01g。

②将称量后的试件置于盛水容器内,先注水至试件高度的 1/4 处,以后每隔 2h 分别注水至试件高度的 1/2 和 3/4 处,6h 后将水加至高出试件顶面 20mm,以利试件内空气逸出。试件全部被水淹没后再自由吸水 48h。

③取出浸水试件,用湿纱布擦去试件表面水分,立即称其质量。测定后的试件,可作为饱和状态单轴抗压强度试验用的试件。

强制吸水饱和,任选如下一种方法:

①用煮沸法饱和试件:将称量后的试件放入水槽,注水至试件高度的一半,静置 2h。再加水使试件浸没,煮沸 6h 以上,并保持水的深度不变。煮沸停止后静置水槽,待其冷却,取出试件,用湿纱布擦去表面水分,立即称其质量。

②用真空抽气法饱和试件:将称量后的试件置于真空干燥器中,注入洁净水,水面高出试件顶面 20mm,开动抽气机,抽气时真空压力需达 100kPa,保持此真空状态直至无气泡发生时为止(不少于 4h)。经真空抽气的试件应放置在原容器中,在大气压力下静置 4h,取出试件,用湿纱布擦去表面水分,立即称其质量。测定后的试件,可作为饱和状态单轴抗压强度试验用的试件。

(5)测定干密度:将试件放入烘箱内,控制在 105～110℃ 温度下烘 12～24h,取出放入干燥器内,冷却至室温,称干试件质量。测定后的试件,可作为干燥状态单轴抗压强度试验用的试件。

(6)本试验称量精确至 0.01g,量测精确至 0.01mm。

7. 水中称量法试验步骤

(1)测天然密度时,应取有代表性的岩石制备试件并称量;测干密度时,将试件放入烘箱,在 105～110℃ 下烘至恒量,烘干时间一般为 12～24h。取出试件置于干燥器内,冷却至室温后,称干试件质量。

(2)将干试件浸入水中进行饱和,饱和方法可依岩石性质选用煮沸法或真空抽气法。试件的饱和过程和称量,同量积法试验。

(3)取出饱和浸水试件,用湿纱布擦去试件表面水分,立即称其质量。

(4)将试样放在水中称量装置的丝网上,称取试样在水中的质量(丝网在水中质量可事先用砝码平衡)。在称量过程中,称量装置的液面应始终保持同一高度,并记下水温。

(5)本试验称量精确至 0.01g。

8.蜡封法试验步骤

(1)测天然密度时,应取有代表性的岩石制备试件并称量;测干密度时,将试件放入烘箱,在 105～110℃下烘至恒量,烘干时间一般为 12～24h,取出试件置于干燥器内冷却至室温。

(2)从干燥器内取出试件,放在天平上称量,精确至 0.01g(本试验称量精度皆同此)。

(3)把石蜡装在干净铁盆中加热熔化,至稍高于熔点(一般石蜡熔点在 55～58℃)。岩石试件可通过滚涂或刷涂的方法使其表面涂上一层厚度 1mm 左右的石蜡层,冷却后准确称出蜡封试件的质量。

(4)将涂有石蜡的试件系于天平上,称出其在洁净水中的质量。

(5)擦干试件表面的水分,在空气中重新称取蜡封试件的质量,检查此时蜡封试件的质量是否大于浸水前的质量。如超过 0.05g,说明试件蜡封不好,洁净水已浸入试件,应取试件重新测定。

9.结果整理

(1)量积法岩石毛体积密度按式(8-3)、式(8-5)计算:

$$\rho_0 = \frac{m_0}{V} \tag{8-3}$$

$$\rho_s = \frac{m_s}{V} \tag{8-4}$$

$$\rho_d = \frac{m_d}{V} \tag{8-5}$$

式中:$\rho_0$——天然密度,g/cm$^3$;

　　$\rho_s$——饱和密度,g/cm$^3$;

　　$\rho_d$——干密度,g/cm$^3$;

　　$m_0$——试件烘干前的质量,g;

　　$m_s$——试件强制饱和后的质量,g;

　　$m_d$——试件烘干后的质量,g;

　　$V$——岩石的体积,cm$^3$。

(2)水中称量法岩石毛体积密度按式(8-6)、式(8-8)计算:

$$\rho_0 = \frac{m_0}{m_s - m_w} \times \rho_w \tag{8-6}$$

$$\rho_s = \frac{m_s}{m_s - m_w} \times \rho_w \tag{8-7}$$

$$\rho_d = \frac{m_d}{m_s - m_w} \times \rho_s \tag{8-8}$$

式中:$m_w$——试件强制饱和后在洁净水中的质量,g;

　　$\rho_w$——洁净水的密度,g/cm$^3$,由物理手册查得。

(3)蜡封法岩石毛体积密度按式(8-9)、式(8-10)计算:

$$\rho_0 = \frac{m_0}{\dfrac{m_1 - m_2}{\rho_w} - \dfrac{m_1 - m_d}{\rho_N}} \tag{8-9}$$

$$\rho_d = \frac{m_d}{\dfrac{m_1 - m_2}{\rho_w} - \dfrac{m_1 - m_d}{\rho_N}} \tag{8-10}$$

式中：$m_1$——蜡封试件质量，g；

$\quad\quad m_2$——蜡封试件在洁净水中的质量，g；

$\quad\quad \rho_N$——石蜡的密度，g/cm³。

（4）毛体积密度试验结果精确至 0.01g/cm³，3 个试件平行试验。组织均匀的岩石，毛体积密度应为 3 个试件测得结果之平均值；组织不均匀的岩石，毛体积密度应列出每个试件的试验结果。

（5）孔隙率计算：求得岩石的毛体积密度及密度后，用式（8-11）计算总孔隙率 $n$，试验结果精确至 0.1%。

$$n = \left(1 - \frac{\rho_d}{\rho_t}\right) \times 100 \tag{8-11}$$

式中：$n$——岩石总孔隙率，%；

$\quad\quad \rho_t$——岩石的密度，g/cm³。

（6）试验记录

毛体积密度试验记录应包括岩石名称、试验编号、试件编号、试件描述、试验方法、试件在各种含水状态下的质量、试件水中称量、试件尺寸、洁净水的密度和石蜡的密度等，如表 8-2 所示。

毛体积密度试验

表 8-2

工程名称　　G209 路基　　　　　　　试验计算　　×××

岩样编号　　岩 3-6　　　　　　　　　校 核 者　　×××

岩样说明在 K4+560 处取样　　　　　试验日期2013 年 9 月 26 日

| | | 长度(mm) | | 宽度(mm) | | 高度(mm) | | 体积(cm³) | 烘干后质量(g) | 干密度(g/cm³) | 孔隙率(%) | 均值 | |
|---|---|---|---|---|---|---|---|---|---|---|---|---|---|
| | | 1 | 2 | 1 | 2 | 1 | 2 | | | | | 干密度 | 空隙率 |
| 密度 | 量积法 | 49.98 | 50.00 | 49.20 | 49.60 | 50.96 | 51.00 | 125.90 | 337.41 | 2.68 | 1.5 | | |
| | | 51.00 | 50.96 | 48.98 | 49.02 | 50.60 | 51.00 | 126.90 | 341.36 | 2.69 | 1.1 | 2.68 | 1.37 |
| | | 48.92 | 48.96 | 50.96 | 51.00 | 50.00 | 49.98 | 124.72 | 334.25 | 2.68 | 1.5 | | |
| | | 饱和后质量(g) | | 饱和后水中质量(g) | | 烘干后质量(g) | | 干密度(g/cm³) | 孔隙率(%) | 均值 | | | |
| | 水中称量法 | 水的密度(g/cm³) | | | | | | 干密度 | 空隙率 | | | | |
| | | | 341.22 | 215.32 | | 337.41 | | 2.68 | 1.5 | | | | |
| | | | 344.81 | 217.91 | | 341.36 | | 2.69 | 1.1 | 2.68 | 1.37 | | |
| | | | 338.23 | 213.50 | | 334.25 | | 2.68 | 1.5 | | | | |

续上表

| 密度 | 蜡封法 | 水的密度(g/cm³) | 烘干试件质量(g) | 蜡封试件质量(g) | 蜡封试件水中质量(g) | 干密度(g/cm³) | 孔隙率(%) | 均值 | |
|---|---|---|---|---|---|---|---|---|---|
| | | | | | | | | 干密度 | 空隙率 |
| | | | 58.64 | 60.12 | 36.23 | 2.63 | 3.7 | | |
| | | | 93.26 | 96.15 | 57.58 | 2.63 | 3.7 | 2.63 | 3.8 |
| | | | 53.37 | 54.76 | 32.90 | 2.62 | 4.0 | | |
| 备注 | | | | | | | | | |

**复习思考题**

1. 岩石密度试验的目的是什么?
2. 水中称量法的试验原理是什么?
3. 试述蜡封法试验的试验步骤。

# 第二节　岩石的吸水性试验

## 一、定义

岩石的吸水性是岩石在规定条件下吸水的能力。

## 二、目的和适用范围

岩石的吸水性用吸水率和饱和吸水率表示。岩石的吸水率和饱和吸水率能有效地反映岩石微裂隙的发育程度,可用来判断岩石的抗冻和抗风化等性能。

岩石吸水率采用自由吸水法测定,饱和吸水率采用煮沸法或真空抽气法测定。

本试验适用于遇水不崩解、不溶解或不干缩湿胀的岩石。

## 三、仪器设备

(1)切石机、钻石机、磨石机等岩石试件加工设备。

(2)天平:感量 0.01g,称量大于 500g。

(3)烘箱:能使温度控制在 105~110℃。

(4)抽气设备:抽气机、水银压力计、真空干燥器、净气瓶。

(5)煮沸水槽。

## 四、试件制备

(1)规则试样:试件尺寸应采用圆柱体作为标准试件,直径为 50mm±2mm、高径比为 2∶1,每组 3 个试件。

(2)不规则试件宜采用边长或直径为 40~50mm 的浑圆形岩块。

（3）每组试件至少 3 个；岩石组织不均匀者，每组试件不少于 5 个。

## 五、试验步骤

（1）将试件放入温度为 105～110℃的烘箱内烘至恒量，烘干时间一般为 12～24h，取出置于干燥器内冷却至室温（20℃±2℃），称其质量，精确至 0.01g。

（2）将称量后的试件置于盛水容器内，先注水至试件高度的 1/4 处，以后每隔 2h 分别注水至试件高度的 1/2 和 3/4 处，6h 后将水加至高出试件顶面 20mm，以利试件内空气逸出。试件全部被水淹没后再自由吸水 48h。

（3）取出浸水试件，用湿纱布擦去试件表面水分，立即称其质量。

（4）试件强制饱和，任选如下一种方法：

用煮沸法饱和试件：将称量后的试件放入水槽，注水至试件高度的一半，静置 2h。再加水使试件浸没，煮沸 6h 以上，并保持水的深度不变。煮沸停止后静置水槽，待其冷却，取出试件，用湿纱布擦去表面水分，立即称其质量。

用真空抽气法饱和试件：将称量后的试件置于真空干燥器中，注入洁净水，水面高出试件顶面 20mm，开动抽气机，抽气时真空压力需达 100kPa，保持此真空状态直至无气泡发生时为止（不少于 4h）。经真空抽气的试件应放置在原容器中，在大气压力下静置 4h，取出试件，用湿纱布擦去表面水分，立即称其质量。

## 六、结果整理

（1）用式（8-12）、式（8-13）分别计算吸水率、饱和吸水率，试验结果精确至 0.01%。

$$w_a = \frac{m_1 - m}{m} \times 100 \tag{8-12}$$

$$w_{sa} = \frac{m_2 - m}{m} \times 100 \tag{8-13}$$

式中：$w_a$——岩石吸水率，%；

$w_{sa}$——岩石饱和吸水率，%；

$m$——烘至恒量时的试件质量，g；

$m_1$——吸水至恒量时的试件质量，g；

$m_2$——试件经强制饱和后的质量，g。

（2）用式（8-14）计算饱水系数，试验结果精确至 0.01。

$$K_w = \frac{w_a}{w_{sa}} \tag{8-14}$$

式中：$K_w$——饱水系数；

其他符号意义同前。

（3）组织均匀的试件，取 3 个试件试验结果的平均值作为测定值；组织不均匀的，则取 5 个试件试验结果的平均值作为测定值，并同时列出每个试件的试验结果。

（4）试验记录见表 8-3。

**岩石吸水性试验记录**　　　　　　　　　　　　　　　　表 8-3

工程名称 ___G219 路基___　　　　试验计算 ___×××___
岩样编号 ___岩 3-7___　　　　　校 核 者 ___×××___
岩样说明在 K4＋560 处取样　　　试验日期 2013 年 7 月 26 日

| | 烘干试件质量(g) | 浸水试件质量(g) | 吸水率(%) | 均值 |
|---|---|---|---|---|
| 吸水率 | 857.31 | 866.98 | 1.13 | |
| | 847.20 | 855.76 | 1.01 | 1.11 |
| | 847.22 | 857.34 | 1.19 | |
| | 烘干试件质量(g) | 浸水试件质量(g) | 饱水率(%) | 均值 |
| 饱水率 | 856.91 | 870.79 | 1.62 | |
| | 848.37 | 860.59 | 1.44 | 1.59 |
| | 847.98 | 862.40 | 1.70 | |
| 备注 | | | | |

## 复习思考题

1. 影响岩石吸水性的因素有哪些？

2. 岩石的吸水率和饱和吸水率有何区别？

3. 如何确定吸水率和饱和吸水率的试验结果？

# 第三节　岩石的力学性质试验

## 一、定义

岩石的单轴抗压强度是指岩石试件抵抗单轴压力时保持自身不被破坏的极限应力。软化系数是指岩石试件在饱和状态下单轴抗压强度与其干燥状态下单轴抗压强度的比值。

## 二、目的和适用范围

单轴抗压强度试验是测定规则形状岩石试件单轴抗压强度的方法，主要用于岩石的强度分级和岩性描述。

本法采用饱和状态下的岩石立方体（或圆柱体）试件的抗压强度来评定岩石强度（包括碎石或卵石的原始岩石强度）。

在某些情况下，试件含水状态还可根据需要选择天然状态、烘干状态或冻融循环后状态。试件的含水状态要在试验报告中注明。

## 三、仪器设备

（1）压力试验机或万能试验机。

（2）钻石机、切石机、磨石机等岩石试件加工设备。

（3）烘箱、干燥器、游标卡尺、角尺及水池等。

## 四、试件制备

（1）桥梁工程用的石料试验，采用立方体试件，边长为 70mm±2mm，每组试件共 6 个。

（2）路面工程用的石料试验，采用圆柱体或立方体试件，其直径或边长和高均为 50mm±2mm。每组试件共 6 个。

有显著层理的岩石，分别沿平行和垂直层理方向各取试件 6 个。试件上、下端面应平行和磨平，试件端面的平面度公差应小于 0.05mm，端面对于试件轴线垂直度偏差不应超过 0.25°。对于非标准圆柱体试件，试验后抗压强度试验值按公式 $R_e = \dfrac{8R}{7 + 2d/h}$ 进行换算。

## 五、试验步骤

（1）用游标卡尺量取试件尺寸（精确至 0.1mm），对立方体试件在顶面和底面上各量取其边长，以各个面上相互平行的两个边长的算术平均值计算其承压面积；对于圆柱体试件在顶面和底面分别测量两个相互正交的直径，并以其各自的算术平均值分别计算底面和顶面的面积，取其顶面和底面面积的算术平均值作为计算抗压强度所用的截面积。

（2）试件的含水状态可根据需要选择烘干状态、天然状态、饱和状态、冻融循环后状态。试件烘干、饱和状态和冻融循环后状态可按有关规定进行。

（3）按岩石强度性质，选定合适的压力机。将试件置于压力机的承压板中央，对正上、下承压板，不得偏心。

（4）以 0.5～1.0MPa/s 的速率进行加荷直至破坏，记录破坏荷载及加载过程中出现的现象。抗压试件试验的最大荷载记录以 N 为单位，精度 1%。

## 六、结果整理

（1）岩石的抗压强度和软化系数分别按式(8-15)、式(8-16)计算。

$$R = \frac{P}{A} \tag{8-15}$$

式中：$R$——岩石的抗压强度，MPa；

$\quad P$——试件破坏时的荷载，N；

$\quad A$——试件的截面积，mm²。

$$K_P = \frac{R_w}{R_d} \tag{8-16}$$

式中：$K_p$——软化系数；

$\quad R_w$——岩石饱和状态下的单轴抗压强度，MPa；

$\quad R_d$——岩石烘干状态下的单轴抗压强度，MPa。

（2）单轴抗压强度试验结果应同时列出每个试件的试验值及同组岩石单轴抗压强度的平均值；有显著层理的岩石，分别报告垂直与平行层理方向的试件强度的平均值。计算值精确至 0.1MPa。

软化系数计算值精确至 0.01,3 个试件平行测定,取算术平均值;3 个值中最大与最小之差不应超过平均值的 20%,否则,应另取第 4 个试件,并在 4 个试件中取最接近的 3 个值的平均值作为试验结果,同时在报告中将 4 个值全部给出。

（3）试验记录见表 8-4。

石料单轴饱水抗压强度试验记录表

表 8-4

工程名称　　G219 路基　　　　试验计算　×××　　　　
岩样编号　　岩 1-7　　　　　　校核者　×××　　　　　
岩样说明在 K3＋520 处取样　　　试验日期 2013 年 5 月 26 日

| 试件编号 | | | 1 | 2 | 3 | 4 | 5 | 6 |
|---|---|---|---|---|---|---|---|---|
| 试件<br>边长 $a$<br>（或直径 $d$）<br>（mm） | 顶面 | 1 | 48.0 | 48.0 | 48.0 | 48.0 | 48.0 | 48.0 |
| | | 2 | 48.0 | 48.0 | 48.0 | 48.0 | 48.0 | 48.0 |
| | | 平均 | 48.0 | 48.0 | 48.0 | 48.0 | 48.0 | 48.0 |
| | 底面 | 1 | 48.0 | 48.0 | 47.9 | 48.0 | 48.0 | 48.0 |
| | | 2 | 48.0 | 48.0 | 48.1 | 48.0 | 48.0 | 48.0 |
| | | 平均 | 48.0 | 48.0 | 48.0 | 48.0 | 48.0 | 48.0 |
| 试件<br>面积 $A$<br>（mm²） | 顶面 | | 1809.6 | 1809.6 | 1809.6 | 1809.6 | 1809.6 | 1809.6 |
| | 底面 | | 1809.6 | 1809.6 | 1809.6 | 1809.6 | 1809.6 | 1809.6 |
| | 平均 | | 1809.6 | 1809.6 | 1809.6 | 1809.6 | 1809.6 | 1809.6 |
| 试件压至破坏<br>最大荷载 $P$（kN） | | | 132.7 | 115.2 | 101.1 | 125.8 | 123.4 | 119.9 |
| 试件抗压强度<br>测值 $R_i$（MPa） | | | 73.33 | 63.66 | 55.87 | 69.52 | 68.19 | 66.26 |
| 试件单向抗压强度<br>测定值 $R$（MPa） | | | 66.1 | | | | | |
| 备注 | | | | | | | | |

## 复习思考题

1. 什么是软化系数？不同的岩石其软化系数如何取值？

2. 岩石的抗压强度值取决于哪些因素？

# 第四节　岩石的耐候性试验

## 一、岩石的抗冻性试验

1. 定义

岩石的抗冻性是指岩石试样在饱和状态下,抵抗反复冻结和融化的性能。

2. 目的和适用范围

岩石的抗冻性是用来评估岩石在饱和状态下经受规定次数的冻融循环后抵抗破坏的能

力,岩石抗冻性对于不同的工程环境气候有不同的要求。一般要求在寒冷地区,冬季月平均气温低于−15℃的重要工程,岩石吸水率大于0.5%时,都需要对岩石进行抗冻性试验。冻融次数规定:在严寒地区(最冷月的月平均气温低于−15℃)为25次;在寒冷地区(最冷月的月平均气温为−15～−5℃)为15次。

寒冷地区,均应采用本法进行岩石的抗冻性试验。

3.仪器设备

(1)切石机、钻石机及磨石机等岩石试件加工设备。

(2)冰箱:温度能控制在−15～−20℃。

(3)天平:感量0.01g,称量大于500g。

(4)放大镜。

(5)烘箱:能使温度控制在105～110℃。

4.试件制备

(1)试件应符合如下规定:桥梁工程用的岩石试验,采用立方体试件,边长为70mm±2mm。每组试件共6个。路面工程用的岩石试验,采用圆柱体或立方体试件,其直径或边长和高均为50mm±2mm。每组试件共6个。

(2)每组试件不应少于3个,此外再制备同样试件3个,用于做冻融系数试验。

5.试验步骤

(1)将试件编号,用放大镜详细检查,并作外观描述。然后量出每个试件的尺寸,计算受压面积。将试件放入烘箱,在105～110℃下烘至恒量,烘干时间一般为12～24h,待在干燥器内冷却至室温后取出,立即称其质量$m_s$,精确至0.01g。

(2)按吸水率试验方法,让试件自由吸水饱和,然后取出擦去表面水分,放在铁盘中,试件与试件之间应留有一定间距。

(3)待冰箱温度下降到−15℃以下时,将铁盘连同试件一起放入冰箱,并立即开始记时。冻结4h后取出试件,放入20℃±5℃的水中融解4h,如此反复冻融至规定次数为止。

(4)每隔一定的冻融循环次数(如10次、15次、25次等),详细检查各试件有无剥落、裂缝、分层及掉角等现象,并记录检查情况。

(5)称量冻融试验后的试件饱水质量$m'_f$,再将其烘干至恒量,称其质量$m_f$。并按本规程抗压强度试验方法测定冻融试验后的试件饱水抗压强度,另取3个未经冻融试验的试件测定其饱水抗压强度。

6.结果整理

(1)按式(8-17)计算岩石冻融后的质量损失率,试验结果精确至0.1%。

$$L = \frac{m_s - m_f}{m_s} \times 100 \qquad (8\text{-}17)$$

式中:$L$——冻融后的质量损失率,%;

$m_s$——试验前烘干试件的质量,g;

$m_f$——试验后烘干试件的质量,g。

(2)冻融后的质量损失率取3个试件试验结果的算术平均值。

(3)按式(8-18)计算岩石冻融后的吸水率,试验结果精确至0.1%。

$$w'_{sa} = \frac{m'_f - m_f}{m_f} \times 100 \tag{8-18}$$

式中：$w'_{sa}$——岩石冻融后的吸水率，%；

$\qquad m'_f$——冻融试验后的试件饱水质量，g；

$\qquad$其他符号意义同前。

（4）按式（8-19）计算岩石的冻融系数，试验结果精确至0.01。

$$K_f = \frac{R_f}{R_s} \tag{8-19}$$

式中：$K_f$——冻融系数；

$\qquad R_f$——经若干次冻融试验后的试件饱水抗压强度，MPa；

$\qquad R_s$——未经冻融试验的试件饱水抗压强度，MPa。

（5）试验记录见表8-5。

**石料抗冻性试验（直接冻融法）记录表**　　　　　　　　　　　　表8-5

工程名称　<u>G212路基</u>　　　　　　试验计算　<u>×××</u>

岩样编号　<u>岩9-7</u>　　　　　　　　校核者　<u>×××</u>

岩样说明在<u>K2+120处取样</u>　　　试验日期<u>2013年5月26日</u>

| 冻融循环试件试验结果 | | | | | | |
|---|---|---|---|---|---|---|
| 试件形状与尺寸 | 圆柱体，直径$D=50mm\pm2mm$，高度$H=50mm\pm2mm$，$D/H=1$ | | | | | |
| 试件编号 | 1 | 2 | 3 | 4 | 5 | 6 |
| 试验前烘干试件质量 $m_1$(g) | 226.34 | 236.55 | 209.72 | | | |
| 冻融循环次数 | 25 | | | | | |
| 冻融循环后试件剥落、裂缝、分层及掉角情况 | 冻融循环后试件无剥落、裂缝、分层及掉角现象 | | | | | |
| 试验后烘干试件质量 $m_2$(g) | 220.47 | 229.70 | 203.24 | | | |
| 冻融后的质量损失测值 $Q_冻$(%) | 2.59 | 2.90 | 3.09 | | | |
| 冻融后质量损失平均值(%) | 2.9 | | | | | |
| 试件边长 $a$（或直径 $d$）（mm） | 顶面 1 | 48.0 | 48.0 | 48.0 | | |
| | 顶面 2 | 48.0 | 48.0 | 48.0 | | |
| | 顶面 平均 | 48.0 | 48.0 | 48.0 | | |
| | 底面 1 | 48.0 | 48.0 | 47.9 | | |
| | 底面 2 | 48.0 | 48.0 | 48.1 | | |
| | 底面 平均 | 48.0 | 48.0 | 48.0 | | |
| 试件面积 $A$(mm²) | 顶面 | 1809.56 | 1809.56 | 1809.56 | | |
| | 底面 | 1809.56 | 1809.56 | 1809.56 | | |
| | 平均 | 1809.56 | 1809.56 | 1809.56 | | |

续上表

| 试件压至破坏最大荷载 $P$(kN) | | | 92.4 | 92.1 | 91.4 | | | |
|---|---|---|---|---|---|---|---|---|
| 试件饱水抗压强度值 $R$(MPa) | | | 51.06 | 50.9 | 50.51 | | | |
| 试件饱水抗压强度平均值 $R$(MPa) | | | 50.8 | | | | | |
| 未冻融循环试件试验结果 | | | | | | | | |
| 试件编号 | | | 1 | 2 | 3 | 4 | 5 | 6 |
| 试件边长 $a$（或直径 $d$）（mm） | 顶面 | 1 | 48.0 | 48.0 | 48.0 | 48.0 | 48.0 | 48.0 |
| | | 2 | 48.0 | 48.0 | 48.0 | 48.0 | 48.0 | 48.0 |
| | | 平均 | 48.0 | 48.0 | 48.0 | 48.0 | 48.0 | 48.0 |
| | 底面 | 1 | 48.0 | 48.0 | 47.9 | 48.0 | 48.0 | 48.0 |
| | | 2 | 48.0 | 48.0 | 48.1 | 48.0 | 48.0 | 48.0 |
| | | 平均 | 48.0 | 48.0 | 48.0 | 48.0 | 48.0 | 48.0 |
| 试件面积 $A$(mm²) | 顶面 | | 1809.56 | 1809.56 | 1809.56 | 1809.56 | 1809.56 | 1809.56 |
| | 底面 | | 1809.56 | 1809.56 | 1809.56 | 1809.56 | 1809.56 | 1809.56 |
| | 平均 | | 1809.56 | 1809.56 | 1809.56 | 1809.56 | 1809.56 | 1809.56 |
| 试件压至破坏最大荷载 $P$(kN) | | | 132.7 | 115.2 | 101.1 | 125.8 | 123.4 | 119.9 |
| 试件抗压强度值 $R$(MPa) | | | 73.33 | 63.66 | 55.87 | 69.52 | 68.19 | 66.26 |
| 试件抗压强度平均值 $R$(MPa) | | | 66.1 | | | | | |
| 冻融系数 $K_f$ | | | 0.769 | | | | | |

## 注意事项

1.先对试件进行编号后再量取试件的尺寸,以免试件混淆。

2.将吸水饱和后的试件放入铁盘时,试件与试件之间应留有一定间距。

3.应在每次冻融后观察和描述有无破坏现象,最后一次总检查,应着重描述剥落、裂缝和边角损坏等情况。

## 二、坚固性试验

1.目的和适用范围

坚固性试验是确定岩石试样经饱和硫酸钠溶液多次浸泡与烘干循环后而不发生显著破坏或强度降低的性能,是测定岩石抗冻性的一种简易方法。一般适用于质地坚硬的岩石。有条件者均应采用直接冻融法进行岩石的抗冻性试验。

2.仪器设备

(1)切石机、钻石机及磨石机等岩石试件加工设备。

(2)天平:感量 0.01g,称量大于 500g。

(3)烘箱:能使温度控制在 105～110℃。

(4)瓷、玻璃或釉盛器:容积不小于 5L。

(5)温度计。

(6)密度计。

(7)放大镜、钢针等。

3.试验材料或试剂

(1)饱和硫酸钠溶液:取约 400g 的无水硫酸钠(或 800g 的结晶硫酸钠)溶解于温度为30～50℃的 1000mL 纯净水中配制而成(溶液总需要量约等于试件体积的 5 倍)。其配制方法是:边加热洁净水(水温为 30～50℃)边慢慢加入硫酸钠,并用玻璃棒不断搅拌,待硫酸钠全部溶解直至饱和并有部分结晶析出为止。让溶液冷至室温(20～25℃)并静置48h后待用。使用时需将溶液充分搅拌,试验过程中应保持溶液密度在 1150～1175kg/m³ 范围内。

(2)10%氯化钡溶液。

4.试件制备

(1)桥梁工程用的石料试验,采用立方体试件,边长为70mm±2mm,每组试件共 6 个。

(2)路面工程用的石料试验,采用圆柱体或立方体试件,其直径或边长和高均为50mm±2mm。每组试件共 6 个。

5.试验步骤

(1)将试件放入烘箱,在 105～110℃下烘至恒量,烘干时间一般为 12～24h,取出置于干燥器内,冷却至室温,称其质量(精确至 0.01g)。

(2)把烘干试件浸入装有硫酸钠溶液的盛器中,溶液应高出试件顶面 2cm 以上,用盖将盛器盖好,浸置 20h。然后将试件取出,再用瓷皿衬住置于 105～110℃的烘箱中烘 4h。4h 后取出试件,将其冷却至室温,再重新浸入硫酸钠溶液中,至硫酸钠结晶溶解后取出试件,用放大镜及钢针仔细观察岩石试件有无破坏现象,并详细描述记录。

(3)按上述方法反复浸烘 5 次,最后一次循环后,用热洁净水煮洗几遍,直至将试件中硫酸钠溶液全部洗净为止。是否洗净可用 10%氯化钡溶液进行检验,具体操作为:取洗试件的水若干毫升,滴入少量氯化钡溶液,如无白色沉淀,则说明硫酸钠已被洗净。将洗净的试件烘至恒量,准确称出其质量。

6.结果整理

(1)按式(8-20)计算岩石的坚固性试验质量损失率,试验结果精确至 0.1%。

$$Q = \frac{m_1 - m_2}{m_2} \times 100 \qquad (8\text{-}20)$$

式中:$Q$——硫酸钠浸泡质量损失率,%;

$m_1$——试验前烘干试件的质量,g;

$m_2$——试验后烘干试件的质量,g。

(2)取 3 个试件试验结果的算术平均值作为测定值。

(3)试验记录见表 8-6。

## 岩石坚固性试验记录表　　　　表8-6

工程名称　　G110路基　　　　　　试验计算　　×××
岩样编号　　岩9-71　　　　　　　校核者　　×××
岩样说明在K9+180处取样　　　　试验日期2013年12月26日

| 循环次数 | 浸泡开始时间 | | 浸泡结束时间 | | 浸泡历时 | 烘干开始时间 | | 烘干结束时间 | | 烘干历时 |
|---|---|---|---|---|---|---|---|---|---|---|
| 1 | 2月29日 | 10:00 | 3月1日 | 7:00 | 21.0h | 3月1日 | 7:30 | 3月1日 | 12:00 | 4.5h |
| 2 | 3月1日 | 12:00 | 3月1日 | 16:00 | 4.0h | 3月1日 | 16:20 | 3月1日 | 20:30 | 4.2h |
| 3 | 3月2日 | 7:30 | 3月2日 | 11:50 | 4.3h | 3月2日 | 12:00 | 3月2日 | 16:00 | 4.0h |
| 4 | 3月2日 | 16:10 | 3月2日 | 20:30 | 4.3h | 3月2日 | 20:40 | 3月3日 | 6:00 | 9.3h |
| 5 | 3月3日 | 6:10 | 3月3日 | 10:50 | 4.7h | 3月3日 | 11:00 | 3月3日 | 15:50 | 4.8h |

| 粒级 (mm) | 2.36~4.75 | 4.75~9.5 | 9.5~19.0 | 19~37.5 | 样品粒径 (mm) | 5~10 | 10~20 | 20~25 |
|---|---|---|---|---|---|---|---|---|
| 网篮号 | 4(小) | 1(大) | 2(大) | 3(大) | 筛孔(mm) | 分计筛余(g) | | |
| 网篮质量(g) | 46.68 | 142.23 | 144.58 | 141.61 | 37.5 | 0 | 0 | 0 |
| 循环前网篮试样质量(g) | 146.92 | 642.51 | 1176.73 | 1569.36 | 19 | 0 | 40 | 2436.3 |
| 循环后试样质量(g) | 95.35 | 478.64 | 1000.72 | 1396.75 | 9.5 | 13.8 | 2516.1 | 431.1 |
| 试样质量(g) | 100.24 | 500.28 | 1032.15 | 1427.75 | 4.75 | 998.2 | 54.4 | 0 |
| 损失质量(g) | 4.89 | 21.64 | 31.43 | 31 | 2.36 | 87.9 | 0 | 0 |
| 各粒级质量损失率(%) | 4.88 | 4.33 | 3.05 | 2.17 | 总质量损失率(%) | 4.35 | 3.06 | 2.3 |

| 试验前粒径大于19mm试样颗粒数 | 62 | 试验后粒径大于19mm试样颗粒数 | 62 |
|---|---|---|---|
| 试验后粒径大于19mm颗粒的裂缝、剥落、掉边、掉角情况及其所占的颗粒数量 | | 无裂缝、剥落、掉边、掉角情况 | |
| 备注 | | | |

7.注意事项

(1)使用饱和硫酸钠溶液时需将溶液充分搅拌。

(2)把烘干试件浸入装有硫酸钠溶液的盛器中时,溶液应高出试件顶面2cm以上,并用盖将盛器盖好。

（3）每次干湿循环后，应用放大镜及钢针仔细观察岩石试件有无破坏现象，并详细描述记录。

## 复习思考题

1. 岩石产生冻融破坏的机理是什么？

2. 直接冻融试验有哪些注意事项？

3. 坚固性试验为什么只做 5 次干湿循环？

# 附录 水的比重及水的密度表

| 温度(℃) | 0 | 0.1 | 0.2 | 0.3 | 0.4 | 0.5 | 0.6 | 0.7 | 0.8 | 0.9 | 差数(×10⁷) |
|---|---|---|---|---|---|---|---|---|---|---|---|
| 5 | 0.9999919 | 0.9999902 | 0.9999883 | 0.9999864 | 0.9999842 | 0.9999819 | 0.9999795 | 0.9999769 | 0.9999741 | 0.9999712 | 1 |
| 6 | 9681 | 9649 | 9616 | 9581 | 9544 | 9506 | 9467 | 9426 | 9384 | 9340 | 1 |
| 7 | 9295 | 9248 | 9200 | 9150 | 9099 | 9046 | 8992 | 8936 | 8879 | 8821 | 2 |
| 8 | 8762 | 8701 | 8638 | 8574 | 8509 | 8442 | 8374 | 8305 | 8234 | 8162 | 3 |
| 9 | 8088 | 8013 | 7936 | 7859 | 7780 | 7699 | 7617 | 7534 | 7450 | 7364 | 5 |
| 10 | 7277 | 7189 | 7099 | 7008 | 6915 | 6820 | 6724 | 6627 | 6529 | 6428 | 6 |
| 11 | 6328 | 6225 | 6121 | 6017 | 5911 | 5803 | 5694 | 5585 | 5473 | 5361 | 2 |
| 12 | 5247 | 5132 | 5016 | 4898 | 4780 | 4660 | 4538 | 4415 | 4291 | 4166 | 0 |
| 13 | 4040 | 3913 | 3784 | 3655 | 3524 | 3391 | 3258 | 3123 | 2987 | 2850 | 1 |
| 14 | 2712 | 2572 | 2432 | 2290 | 2147 | 2003 | 1858 | 1711 | 1564 | 1415 | 1 |
| 15 | 1265 | 1113 | 0961 | 0808 | 0653 | 0497 | 0340 | 0182 | 0023 | *9864 | 2 |
| 16 | 0.9989701 | 0.9989538 | 0.9989374 | 0.9989209 | 0.9989043 | 0.9988876 | 0.9988707 | 0.9988538 | 0.9988367 | 0.9977195 | 6 |
| 17 | 8022 | 7848 | 7673 | 7497 | 7319 | 7141 | 6961 | 6781 | 6599 | 6416 | 9 |
| 18 | 6232 | 6046 | 5861 | 5673 | 5485 | 5295 | 5105 | 4913 | 7420 | 4326 | 14 |
| 19 | 4331 | 4136 | 3938 | 3740 | 3541 | 3341 | 3140 | 2937 | 2733 | 2529 | 18 |

续上表

| 温度（C°） | 0 | 0.1 | 0.2 | 0.3 | 0.4 | 0.5 | 0.6 | 0.7 | 0.8 | 0.9 | 差数（×10⁷） |
|---|---|---|---|---|---|---|---|---|---|---|---|
| 20 | 2323 | 2117 | 1909 | 1701 | 1490 | 1280 | 1068 | 0855 | 0641 | 0426 | 22 |
| 21 | 0210 | *9993 | *9775 | *9556 | *9335 | *9114 | *8892 | *8669 | *8444 | *8219 | 25 |
| 22 | 0.9977993 | 0.9977765 | 0.9977537 | 0.9977308 | 0.9977077 | 0.9976846 | 0.9976613 | 0.9976380 | 0.9976145 | 0.9975918 | 27 |
| 23 | 5674 | 5437 | 5198 | 4959 | 4718 | 4477 | 4435 | 3991 | 3713 | 3502 | 29 |
| 24 | 3256 | 3009 | 2760 | 2511 | 2261 | 2010 | 1758 | 1505 | 1250 | 0995 | 30 |
| 25 | 0739 | 0482 | 0225 | *9966 | *9706 | *9445 | *9184 | *8921 | *8657 | *8393 | 31 |
| 26 | 0.9968128 | 0.9967861 | 0.9967594 | 0.9967326 | 0.9967057 | 0.9966786 | 0.9966515 | 0.9966243 | 0.9965970 | 0.9965696 | 30 |
| 27 | 5421 | 5146 | 4869 | 4591 | 4313 | 4033 | 3753 | 3472 | 3190 | 2907 | 29 |
| 28 | 2623 | 2338 | 2052 | 1766 | 1478 | 1190 | 0901 | 0610 | 0319 | 0027 | 28 |
| 29 | 0.9959735 | 0.9959440 | 0.9959146 | 0.9958850 | 0.9958554 | 0.9958257 | 0.9957958 | 0.9957659 | 0.9957359 | 0.9957059 | 25 |
| 30 | 6756 | 6454 | 6151 | 5846 | 5541 | 5235 | 4928 | 4620 | 4312 | 4002 | 23 |
| 31 | 3692 | 3380 | 3068 | 2755 | 2442 | 2127 | 1812 | 1495 | 1178 | 0861 | 20 |
| 32 | 0542 | 0222 | *9901 | *9580 | *9258 | *8935 | *8612 | *8286 | *7961 | *7635 | 19 |
| 33 | 0.9947308 | 0.9946980 | 0.9946651 | 0.9946321 | 0.9945991 | 0.9945660 | 0.9945328 | 0.9944995 | 0.9944661 | 0.9944327 | 17 |
| 34 | 3991 | 3655 | 3319 | — 2981 | 2643 | 2303 | 1963 | 1622 | 1280 | 0938 | 16 |
| 35 | 0594 | 0251 | *9906 | *9560 | *9214 | 8867 | *8518 | *8170 | *7820 | *7470 | 16 |

注：* 小数点后三位数值与上一行相同。

# 参 考 文 献

［1］中华人民共和国行业标准.JTG E40—2007 《公路土工试验规程》［S］.北京：人民交通出版社,2007.

［2］中华人民共和国行业标准.JTG E41—2005 《公路工程岩石试验规程》［S］.北京：人民交通出版社,2005.

［3］中华人民共和国行业标准.JTG C20—2011 《公路工程地质勘察规范》［S］.北京：人民交通出版社,2011.

［4］中华人民共和国水利电力部标准.SL 237—1999 《土工试验规程》［S］.北京：中国水利水电出版社,1999.

［5］铁道部第一勘测设计院.工程地质试验手册［M］.北京：中国铁道出版社,1982.

［6］洪毓康.土质学与土力学［M］.北京：人民交通出版社,2002.

［7］高大钊,袁聚云.土质学与土力学［M］.北京：人民交通出版社,2009.

［8］赵明阶.土质学与土力学［M］.北京：人民交通出版社,2007.

［9］窦明健.公路工程地质［M］.北京：人民交通出版社,2004.

［10］王经曦.土力学与地基基础［M］.北京：人民交通出版社,2010.

［11］谷端伟.公路土工试验教程［M］.北京：中国标准出版社,1999.

［12］交通运输部职业考试中心.地基与基础［M］.北京：人民交通出版社,2012.

［13］桑隆康,廖群安,邬金华.岩石学实验指导书［M］.武汉：中国地质大学出版社,2005.